Ostwalds Klassiker
der exakten Wissenschaften

Taschenbuchreihe kommentierter Originaltexte

Bisher erschienen:

Band 1
Simon Stevin, De Thiende (Dezimalbruchrechnung)

Band 2
Johann Wilhelm Ritter, Die Begründung der Elektrochemie und Entdeckung der ultravioletten Strahlen

Band 3
Niels Stensen, Das Feste im Festen

Band 4
Neun Bücher arithmetischer Technik

Band 5
Wilhelm Weber und *Rudolf Kohlrausch*, Über die Einführung absoluter elektrischer Maße

In Vorbereitung:

François Viete, Einführung in die neue Algebra

Paul Walden, Optische Umkehrerscheinungen

Alfred Werner, Über Bildungsverhältnisse der Atome

August Kekulé, Grundlegende Arbeiten zur Strukturlehre und zur Benzoltheorie

Sörensen, Szily und *Friedenthal*, pH-Messungen, Wasserstoffionen-Konzentrationen

Gregor Mendel, Versuche über Pflanzenhybriden

OSTWALDS KLASSIKER
DER EXAKTEN WISSENSCHAFTEN

Begründet von Wilhelm Ostwald

NEUE FOLGE

Herausgegeben von

S. Balke, München; H. Gericke, München;
W. Hartner, Frankfurt am Main; G. Kerstein, Hameln;
F. Klemm, München; A. Portmann, Basel;
H. Schimank, Hamburg; K. Vogel, München

BAND 4

CHIU CHANG SUAN SHU

NEUN BÜCHER ARITHMETISCHER TECHNIK

Ein chinesisches Rechenbuch
für den praktischen Gebrauch aus der frühen Hanzeit
(202 v. Chr. bis 9 n. Chr.)

Übersetzt und erläutert

von

Kurt Vogel

Forschungsinstitut des Deutschen Museums
für die Geschichte der Naturwissenschaften
und der Technik, München

SPRINGER FACHMEDIEN WIESBADEN GMBH

ISBN 978-3-322-97959-9 ISBN 978-3-322-98534-7 (eBook)
DOI 10.1007/978-3-322-98534-7

1968

Alle Rechte vorbehalten
© 1968 by Springer Fachmedien Wiesbaden
Ursprünglich erschienen bei Friedr.Vieweg & Sohn GmbH, Braunschweig 1968

Gesamtherstellung: G. Stalling AG, Oldenburg (Oldb.)

Umschlagentwurf: L. Nettelhorst, Wiesbaden

Best.-Nr. 9104

Vorwort

Der bedeutende Beitrag der Chinesen zur Entwicklung der Mathematik ist im Abendland wenig bekannt geworden, obwohl vorzügliche zusammenfassende Darstellungen, vor allem die von Mikami [13], Needham [14(1)] und Juschkewitsch [9], leicht zugänglich sind. Es liegt wohl weniger an einem europazentrischen Standpunkt als daran, daß die grundlegenden Texte selbst, mit wenigen Ausnahmen, nur in chinesischer Sprache im Druck zur Ausgabe kamen. Diese Ausnahmen sind:

1. „Das mathematische Handbuch der Insel im Meer" von Liu Hui aus dem Jahre +263 [14 (1); 30], von L. van Hee ins Französische übersetzt [5];
2. „Das arithmetische Handbuch von Meister Sun" von Sun Tzu aus der Mitte des 3. nachchristlichen Jahrhunderts, von È. I. Berezkina ins Russische übersetzt [2(3)];
3. „Neun Bücher arithmetischer Technik" aus dem 1. vorchristlichen Jahrhundert, von È. I. Berezkina ins Russische übersetzt [2 (1)].

Gerade die letztgenannte Schrift, zu der das Handbuch von Liu Hui einen Nachtrag zum neunten Buch darstellt, ist ein Werk höchsten Ranges und in seinem Einfluß wohl das bedeutendste aller mathematischen chinesischen Bücher [14(1); 25]; es ist das älteste Lehrbuch der Rechentechnik überhaupt und mit seinen 246 Problemen als Aufgabensammlung ungleich reichhaltiger als andere aus der Antike, die sich in ägyptischen und babylonischen Texten erhalten haben. Griechische arithmetische Aufgabensammlungen (mit Ausnahme der bei „Heron", die sich auf geometrische Probleme beschränken) kennen wir sogar erst aus späthellenistischer und byzantinischer Zeit. Erstmals sehen wir in den „Neun Büchern" neben Aufgaben der Unterhaltungsmathematik, die später Bestandteil aller mittelalterlicher Rechenbücher wurden, eine Matrizenrechnung zur Lösung linearer Gleichungssysteme, Regeln für das Rechnen mit allgemeinen Brüchen und negativen Zahlen. Wir sehen die dezimale Berechnung der Quadrat- und Kubikwurzel, Aufgaben der unbestimmten Analytik, die Behandlung von Problemen der Vermessungstechnik sowie bereits die Methode des doppelten falschen Ansatzes.

So erschien es nützlich, den Text selbst auch in einer anderen europäischen Sprache darzubieten und dabei einen Überblick über den in ihm aufgezeigten Wissensstand zu geben.

Mein Dank gilt in erster Linie È. I. Berezkina, deren vorzügliche Bearbeitung mir als Ausgang zur Heranziehung des chinesischen Textes diente, dann all denen, bei denen ich philologische Hilfe erfahren durfte, Prof. H. Franke und W. Bauer sowie Dr. H. Huber vom Seminar für Ostasiatische Kultur- und Sprachwissenschaft der Universität München, Herrn Direktor Fr. J. Meier von der Ostasiatischen Abteilung der Münchner Staatsbibliothek und meinem Lehrer Pietro Liu, ferner Prof. H. Gericke vom Institut für Geschichte der Naturwissenschaften der Universität München, mit dem ich den mathematischen Inhalt eingehend diskutierte und dem ich manche Anregungen verdanke, sowie nicht zuletzt dem Verlag Friedr. Vieweg & Sohn, der für eine einwandfreie Ausgabe und Ausstattung des neuen Ostwald-Klassiker-Bändchens besorgt war.

Kurt Vogel

Inhalt

Einleitung

Der Text:
Neun Bücher arithmetischer Technik   5
(246 Aufgaben)
Buch I: Ausmessen von Feldern
1– 4 Das Rechteck 7
5–24 Regeln für das Rechnen mit Brüchen 8
25–38 Die anderen ebenen Figuren 12
Buch II: Regelung des Tausches von Feldfrüchten
1–31 Wertvergleich (Volumenvergleich)
von Feldfrüchten 17
32–37 Bestimmung des Einzelpreises aus Gesamtpreis
und Menge gleichwertiger Gegenstände 22
38–46 Bestimmung des Einzelpreises, wenn die Gegenstände zwei verschiedene Preise haben (unbestimmte Probleme) 23
Buch III: Proportionale Verteilung
1– 9 Gesellschaftsrechnungen 27
10–20 Schlußrechnungen (Regeldetri und Regula de quinque) 31
Buch IV: Kleinere und größere Breite
1–11 Berechnung der Länge eines Rechtecks aus Fläche und Breite (mit Bruchrechnungen) 35
12–16 Berechnung einer Quadratseite (Quadratwurzel). 39
17–18 Quadratwurzel beim Kreis 41
19–22 Berechnung einer Würfelkante (Kubikwurzel) .. 41
23–24 Kubikwurzel bei der Kugel 43
Buch V: Beurteilung der Arbeitsleistung
1–28 Inhaltsberechnung von Körpern; bei manchen Aufgaben, in denen es sich um die Herstellung von Wänden und Gräben handelt, auch Berechnung der Zahl der benötigten Arbeiter, wobei die jahreszeitlich verschiedene Leistung, der Transportweg und die Art des bearbeiteten Erdreiches zu berücksichtigen ist 43
Buch VI: Gerechte Steuereinschätzung
1– 4 Proportionale Verteilung einer Getreideabgabe oder einer Schanzarbeit auf die zur Ablieferung bzw. zur Abstellung verpflichteten Bezirke 54

    5-28 Vermischte Probleme wie Bewegungsaufgaben,
         Mischungsrechnung, Zisternenproblem u.a. 59
Buch VII: Überschuß und Fehlbetrag
    1-20 Vermischte Probleme, die mit dem „doppelten
         falschen Ansatz" gelöst werden 70
Buch VIII: Rechteckige Tabelle
    1-18 Vermischte Probleme, bei denen lineare Gleichungssysteme bis zu 5 Unbekannten in einer
         Matrizenrechnung gelöst werden 80
Buch IX: Das rechtwinkelige Dreieck
    1-16 Angewandte Beispiele zum Pythagoreischen Lehrsatz 90
    17-24 Vermessungsaufgaben 98
Der mathematische Inhalt
         Die Zahlen und ihre Wiedergabe 105
         Die Brüche 107
         Die Grundrechnungen 108
         Quadrat- und Kubikwurzel 113
         Weitere Kenntnisse aus Arithmetik und Algebra 120
         Geometrische Kenntnisse 122
Die Aufgaben 124
Die Methoden 127
Anhang: Die Maße 139
         Chinesische Wörter (insbesondere der mathematischen Fachsprache) 142

Literaturverzeichnis 150
Namen- und Sachregister 154
Schrifttafel 159

Einleitung

Der Titel des Rechenbuches „Neun Bücher mathematischer Technik" erscheint erstmals auf zwei Bronze-Standardgefäßen aus dem Jahre +179 [14 (1); 24][1]); aber der älteste erhaltene Text stammt erst aus der Mitte des 3. Jahrhunderts. Es ist die kommentierte Ausgabe von Liu Hui. Dieser berichtet, daß das Buch in der frühen Hanzeit (−202 bis +9) von Chang Ts'ang (fl. 165-142) nach alten Vorlagen verfaßt und durch Kêng Shu Ch'ang (fl. 79-49) ergänzt wurde. Gegenüber anderen ähnlichen Schriften hat es sich derart durchgesetzt, daß es i. J. 656 zu einem Leitfaden für Beamte und Ingenieure bestimmt wurde. Um dieselbe Zeit wurde das Werk in die Sammlung der zehn klassischen Bücher der Mathematik aufgenommen; es wurde i. J. 1084 erstmals gedruckt [9; 23]. Ein Mathematiker der späten Sungzeit, Yang Hui (fl. 1261-1275), der eine Reihe von Schriften über praktisches Rechnen und Feldvermessung schrieb[2]), studierte die ihm erreichbaren alten Werke, darunter auch die „Neun Bücher", deren Studium er eindringlich empfiehlt. Er gibt sogar Hinweise auf die Zeit, die man für die Erarbeitung der einzelnen Abschnitte verwenden soll und was man wissen muß, um selbst Unterricht geben zu können. Die „Neun Bücher" wurden in der Sammlung der Zehn klassischen mathematischen Bücher i. J. 1773 [19, I; 183] und dann noch öfters gedruckt. Der vorliegenden Übersetzung lag die Ausgabe Shanghai 1930 zugrunde.

Es ist kein Zweifel, daß in dem Rechenbuch auch Kenntnisse aus früherer Zeit enthalten sind; schon vor der Hanzeit gehörten „Neun Rechnungen" zu dem Unterrichtsstoff für kaiserliche Prinzen [14 (1); 25]. Manche Aufgaben und Methoden deuten auf babylonischen Einfluß; daß aber Beziehungen zwischen der chinesischen Mathematik und der der rassisch verwandten (?) Babylonier in frühester Zeit bestanden [13; 1], wird nicht zu beweisen sein. Auch die Weitergabe chinesischen Wissens an Inder, Muslime und an das Abendland bedarf noch genauer Untersuchungen,

---

[1]) Von den beiden Zahlen in den eckigen Klammern bezieht sich die erste auf die Nummer im Literaturverzeichnis, die zweite auf die betreffende Seite. Steht aber als erste Zahl in der Klammer eine römische Ziffer, wie z. B. [IX; 20], dann handelt es sich um die Aufgabe 20 des Buches IX der „Neun Bücher".

[2]) Drei dieser Werke sind in dem „Yang Hui Suan Fa" zusammengefaßt; es wurde ins Englische übersetzt von Lam Lay Yong, Singapore 1966 [10].

bevor man klar sieht. Doch zeigen schon manche Einzelprobleme die enge Beziehung zu Indien; andererseits ist dort der falsche doppelte Ansatz nicht zu finden, der erst wieder bei den Arabern auftritt. Wieder anders steht es um die geniale Methode der Matrizenrechnung zur Lösung linearer Gleichungssysteme, die erst wieder im Abendland erscheint. Dagegen hat sich die numerische Berechnung von Quadrat- und Kubikwurzel von den „Neun Büchern" an über Inder, Araber und das Abendland bis auf den heutigen Tag im wesentlichen unverändert erhalten. Ein Urteil, daß alles von China kommt und daß die Europäer von dort her alles mathematische Wissen entlehnt und nur weiterentwickelt hätten [5; 259], verkennt die Rolle Griechenlands und entspricht den Tatsachen ebensowenig wie die Behauptung, daß die Chinesen für die Entwicklung der Mathematik ganz entbehrlich gewesen wären [5; 259].

Bemerkungen zur Übersetzung

Der Übersetzung lag der Text in den „Zehn mathematischen Klassikern" aus der Sammlung der T'ang-Zeit (618–906) nach der Ausgabe Shanghai 1930 zugrunde. Sie wurde möglichst wörtlich gehalten, damit ein klares Bild von dem, was wirklich dasteht, vermittelt wird, besonders bezüglich der Fachsprache, die vielfach erst im Entwicklungsstadium steht. Die Ergänzungen, die wegen der knappen Fassung des Textes nötig erschienen, wurden in Spitzklammern gesetzt; dabei ließen sich sprachliche Unebenheiten nicht vermeiden, wie z.B. „‹in› 5 Tagen nähte sie". Die Zahlwörter wurden dem Text entsprechend wiedergegeben, so daß z.B. zwischen 1 und „ein", zwischen $1/2$ und „ein Halbes" unterschieden wurde. Nur bei $2/3$ und $1/3$ wurde eine Ausnahme gemacht, was im Text meist als „große" und „kleine Hälfte" auftritt. Auch wurde von einer Wiederholung der Benennungen bei Zahlenangaben abgesehen; so heißt es z.B. statt 3 Pfund $1/3$ Pfund nur $3^{1}/_{3}$ Pfund. Die im Text fehlende Numerierung der 246 Aufgaben entspricht der bei Berezkina [2 (1)]. Der Text enthält auch keine Zeichnungen; die hier zur Erläuterung gebrachten sind nicht maßstabsgerecht gezeichnet. Die mit einem Stern* bezeichneten Wörter sind in der Schrifttafel (s. S. 159) aufgeführt.

Neun Bücher arithmetischer Technik

Buch I
Ausmessen von Feldern[1])

1. Jetzt hat man ein Feld; ‹es ist› 15 Schritt breit ‹und› 16 Schritt lang. Die Frage ist: Wie groß ist das Feld? Die Antwort sagt: 1 Mou.
2. Man hat ein anderes Feld; ‹es ist› 12 Schritt breit ‹und› 14 Schritt lang. Die Frage ist: Wie groß ist das Feld? Die Antwort sagt: 168 Pu.

Ausmessen von Feldern

Die Regel lautet: Die Anzahl der Schritte von Breite ‹und› Länge miteinander multipliziert ergibt den Flächeninhalt in Pu. Um Mou ‹zu bekommen›, ist der Divisor 240 Schritt. Dividiere es, dann ‹ist es› die Anzahl der Mou. 100 Mou sind 1 Ch'ing[2]).

[1]) T(ext): Fang t'ien* = rechteckiges Feld. Fang bedeutet ursprünglich Himmelsgegend, dann u. a. Quadrat, Quadrat- und Rechtecksseite, Quadratwurzel.
[2]) Das auf dem Schritt (pu) aufgebaute Flächenmaß hat denselben Namen „pu". Das gleiche gilt für die Meile „Li". Als Längenmaß ist 1 Li = 300 Pu, als Flächenmaß aber ist 1 Li = 90 000 Pu = 375 Mou. Zur Unterscheidung wurde in der Übersetzung ein Längenmaß mit der deutschen Bezeichnung, als Flächenmaß mit dem chinesischen Wort wiedergegeben. Näheres über die Maße s. Anhang 1.

3. Man hat ein Feld; ‹es ist› 1 Meile breit ‹und› 1 Meile lang. Die Frage ist: Wie groß ist das Feld? Die Antwort sagt: 3 Ch'ing 75 Mou.
4. Man hat ein anderes Feld; ‹es ist› 2 Meilen breit ‹und› 3 Meilen lang. Die Frage ist: Wie groß ist das Feld? Die Antwort sagt: 22 Ch'ing 50 Mou.

Feldmessung in Meilen[1])

Die Regel lautet: Die Anzahl der Meilen von Breite ‹und› Länge miteinander multipliziert ergibt den Flächeninhalt in Li. Mit 375 multipliziere es, dann ‹ist es› die Anzahl der Mou[2]).

[1]) T.: Li t'ien = Li-Feld.
[2]) 1 Mou = 240 Pu, also 375 Mou = 300^2 Pu = 1 Li^2.

5. Jetzt hat man $^{12}/_{18}$¹). Frage: Was erhält man, wenn man es kürzt? Die Antwort sagt: $^2/_3$.
6. Ferner hat man $^{49}/_{91}$. Frage: Was erhält man, wenn man es kürzt? Die Antwort sagt: $^7/_{13}$.

Kürzen von Brüchen²)

Die Regel lautet: Das, was halbiert werden kann, halbiere es; kann man es nicht halbieren, dann lege ‹auf das Rechenbrett› hin den Betrag vom Nenner ‹und› vom Zähler des Bruches. Um das Kleinere vermindere das Größere. Verändere ‹die Zahlen› durch gegenseitiges Subtrahieren ‹sie› verkleinernd, bis du gleiche Zahlen bekommst³). Mit der gleichen Zahl kürze es⁴).

¹) Zur Darstellung der Brüche s. S. 107.
²) Yo fên; yo = abschätzen, vergleichen, kürzen. Fên* = teilen, Bruch.
³) T.: Suche ihre Gleichheit.
⁴) Beim Kürzen von $^{49}/_{91}$ erscheinen der Reihe nach auf dem Rechenbrett die „veränderten" Zahlenpaare

49	49	7	7	7	7	7	7
91	42	42	35	28	21	14	7

Die „gleiche Zahl" 7 ist die gesuchte. Diese Regel leistet dasselbe wie der Euklidsche Algorithmus.

7. Jetzt hat man $^1/_3$ ‹und› $^2/_5$. Frage: Wieviel erhält man, wenn man es addiert? Die Antwort sagt: $^{11}/_{15}$.
8. Ferner hat man $^2/_3$, $^4/_7$ ‹und› $^5/_9$. Frage: Wieviel erhält man, wenn man es addiert? Die Antwort sagt: Man erhält $1^{50}/_{63}$.
9. Ferner hat man $^1/_2$, $^2/_3$, $^3/_4$ ‹und› $^4/_5$. Frage: Wieviel erhält man, wenn man es addiert? Die Antwort sagt: Man erhält $2^{43}/_{60}$.

Addieren von Brüchen¹)

Die Regel lautet: Die Zähler werden der Reihe nach mit den ‹anderen› Nennern multipliziert; addiere ‹diese Produkte und› nimm ‹die Summe› als Dividenden. Die Nenner werden miteinander multipliziert; ‹das Produkt› ist der Divisor²). Teile den Dividenden durch den Divisor³). ‹Wenn› die Division nicht aufgeht⁴), benenne ihn, ‹den Restbruch›, nach dem Divisor. ‹Sind› die Nenner gleich, ‹dann› addiere es direkt hintereinander⁵).

¹) Ho fên; ho = einschließen, das Ganze, addieren.

²) Für die Addition $1/_2 + 2/_3 + 3/_4$ verlangt die Regel: $(1 \cdot 3 \cdot 4 + 2 \cdot 2 \cdot 4 + 3 \cdot 2 \cdot 3) : (2 \cdot 3 \cdot 4)$. Es wird also nicht der kleinste Hauptnenner verwendet.
³) Zu der Wendung shih ju fa êrh i*, die immer die Durchführung einer Division einleitet, s. S. 111.
⁴) Im Text steht: Wenn es den Divisor nicht erfüllt. Zu Aufgabe 7 paßt auch die Übersetzung [2(1); 441]: Wenn der Divisor größer ist als der Dividend. Aber auch in den Aufgaben 8 und 9, in denen der Divisor kleiner ist als der Dividend, muß man den Rest „nach dem Divisor benennen". Zu einer ähnlichen Wendung in der Aufgabe VII, 19 s. S. 112.
⁵) Der Sinn ist wohl: Die auf dem Rechenbrett liegenden Zähler können sofort addiert werden.

10. Jetzt hat man $8/_9$. Vermindere dies ⟨um⟩ $1/_5$. Frage: Wieviel ist der Rest? Die Antwort sagt: $31/_{45}$.
11. Ferner hat man $3/_4$. Vermindere dies ⟨um⟩ $1/_3$. Frage: Wieviel ist der Rest? Die Antwort sagt: $5/_{12}$.

Subtrahieren von Brüchen¹)

Die Regel lautet: Die Zähler werden der Reihe nach mit den Nennern multipliziert. Mit dem Kleineren vermindere das Größere. Der Rest ist der Dividend. Die Nenner werden miteinander multipliziert. ⟨Das Produkt⟩ ist der Divisor. Teile den Dividenden durch den Divisor.

¹) Chien fên; chien = vermindern, abnehmen.

12. Jetzt hat man $5/_8$ ⟨und⟩ $16/_{25}$. Frage: Welcher ⟨Bruch ist⟩ größer ⟨und um⟩ wieviel ⟨ist er⟩ größer? Die Antwort sagt: $16/_{25}$ ⟨ist der⟩ größere; ⟨er ist⟩ größer ⟨um⟩ $3/_{200}$.
13. Ferner hat man $8/_9$ ⟨und⟩ $6/_7$. Frage: Welcher ⟨Bruch ist⟩ größer ⟨und um⟩ wieviel ⟨ist er⟩ größer? Die Antwort sagt: $8/_9$ ⟨ist der⟩ größere; ⟨er ist⟩ größer ⟨um⟩ $2/_{63}$.
14. Ferner hat man $8/_{21}$ ⟨und⟩ $17/_{50}$. Frage: Welcher ⟨Bruch⟩ ist größer ⟨und um⟩ wieviel ⟨ist er⟩ größer?
Die Antwort sagt: $8/_{21}$ ⟨ist der⟩ größere; ⟨er ist⟩ größer ⟨um⟩ $43/_{1050}$.

Vergleichen von Brüchen¹)

Die Regel lautet: Die Zähler werden der Reihe nach mit den Nennern multipliziert. Mit dem Kleineren vermindere das Größere. Der Rest ist der Dividend. Die Nenner werden miteinander multipliziert; ‹das Produkt› ist der Divisor. Teile den Dividenden durch den Divisor. Dann ‹ist es› das gegenüber dem andern Größere.

¹) K'o fên; k'o = Unterricht, examinieren.

15. Man hat jetzt $1/3$, $2/3$ ‹und› $3/4$. Frage: ‹Um› wieviel ‹muß man› jedesmal das Größere vermindern ‹und› das Kleinere vermehren, ‹damit sie› dann gleich ‹werden›? Die Antwort sagt: Wenn man $3/4$ ‹um› 2 ‹Zwölftel und› $2/3$ ‹um› 1 ‹Zwölftel› vermindert, ‹2 und 1› addiert und mit ‹der Summe› $1/3$ vermehrt, dann ist jeder ‹Bruch› gleich, ‹nämlich› zu $7/12$ ‹geworden›.

16. Ferner hat man $1/2$, $2/3$ ‹und› $3/4$. Frage: ‹Um› wieviel ‹muß man› jedesmal das Größere vermindern ‹und› das Kleinere vermehren, ‹damit sie› dann gleich ‹werden›? Die Antwort sagt: Wenn man $2/3$ ‹um› 1 ‹sechsunddreißigstel und› $3/4$ ‹um› 4 ‹sechsunddreißigstel› vermindert, ‹1 und 4› addiert und mit ‹der Summe› $1/2$ vermehrt, dann ist jeder ‹Bruch› gleich, ‹nämlich› zu $23/36$ ‹geworden›.

Gleichmachen von Brüchen[1])

Die Regel lautet: Die Zähler werden der Reihe nach mit den Nennern multipliziert[2a]), dann addiert; ‹das ist› der Gleichmachungsdividend[2b]). Die Nenner werden miteinander multipliziert; ‹das ist› der Divisor[2c]). Mit der Anzahl der Reihen multipliziere jedes noch nicht Addierte. Jedes für sich ist ein Reihendividend[2d]). Ferner multipliziere mit der Anzahl der Reihen den Divisor[2e]). Um den Gleichmachungsdividenden vermindere den Reihendividenden[2f]). Was die Reste anlangt, kürze sie[2g]). Es ist das, was weggenommen wird. Addiere das, was weggenommen wird[2h]). Damit vergrößere den kleinen ‹Bruch›[2i]). Mit dem Divisor benenne den Gleichmachungsdividenden[2k]). Jeder ‹Bruch› erhält seinen gleichen ‹Wert›.

¹) P'ing fên; p'ing = gleich, gemeinsam, regulieren.
²ª) Bei der Aufgabe 16 sind nach der genannten Regel folgende Schritte durchzuführen: 1 · 3 · 4; 2 · 2 · 4 und 3 · 2 · 3.
²ᵇ) Der „Gleichmachungsdividend" (12 + 16 + 18 = 46) heißt p'ing shih; shih = das wirklich Vorhandene, die Realität, der Anfangsbetrag, der Dividend, der Radikand.
²ᶜ) 2 · 3 · 4 = 24.

²d) $12 \cdot 3 = 36$; $16 \cdot 3 = 48$; $18 \cdot 3 = 54$. Diese „Reihendividenden" heißen lieh shih; lieh = ordnen, Reihe, dieser eine.
²e) $3 \cdot 24 = 72$.
²f) $48 - 46 = 2$; $54 - 46 = 8$.
²g) $2/72 = 1/36$; $8/72 = 4/36$.
²h) $1/36 + 4/36 = 5/36$.
²i) Der kleine Bruch ist $12/24$ oder $18/36$. Also: $18/36 + 5/36 = 23/36$.
²k) Statt der vorhergehenden umständlichen Rechnung hätte diese Anweisung genügt, wenn unter „Divisor" der mit der Zahl der Reihen multiplizierte verstanden wird. Der Mittelwert ist $46/72$ oder $23/46$.

17. Jetzt hat man 7 Leute; man verteilt ⟨unter sie⟩ $8\frac{1}{3}$ Geldstücke¹). Frage: Wieviel erhält ein Mann? Die Antwort sagt: Ein Mann erhält $1\frac{4}{21}$ Geldstücke.

18. Ferner hat man $3\frac{1}{3}$ Leute²); man verteilt ⟨unter sie⟩ $6\frac{1}{3}$ $3/4$ Geldstücke. Frage: Wieviel erhält ein Mann? Die Antwort sagt: Ein Mann erhält $2\frac{1}{8}$ Geldstücke.

Dividieren von Brüchen³)

Die Regel lautet: Nimm die Zahl der Leute; es ist der Divisor. Die Zahl der Geldstücke ist der Dividend. Teile den Dividenden durch den Divisor. Wenn man Brüche hat, ⟨dann bringe⟩ sie ⟨auf den⟩ gleichen Nenner⁴). Wenn man wiederholt Brüche hat, dann ⟨bringe sie⟩ alle auf den Hauptnenner.

¹) Das einzige im Text vorkommende Geldstück ist das ch'ien (= Geld), eine Kupfermünze im Gewicht von $1/10$ Unze. Preisbestimmungen erfolgten auch nach dem Gewicht von Goldunzen (liang in Aufgabe VIII; 7).
²) Bruchteile einer Arbeitskraft kennt auch der Algorismus Ratisbonensis (Mitte des 15. Jahrhunderts), in dem es heißt: 3 man und $1/2$, das ist ein knab [23 (1); 62].
³) Ching fên; ching = regulieren, anordnen. Auch das Radizieren ist ein „Dividieren"; s. hierzu S. 40.
⁴) Es ist im Text verbal ausgedrückt: „hauptnennere sie".

19. Jetzt hat man ein Feld, $4/7$ Schritt breit ⟨und⟩ $3/5$ Schritt lang. Die Frage ist: Wie groß ist das Feld? Die Antwort sagt: $12/35$ Pu.
20. Ferner hat man ein Feld, $7/9$ Schritt breit ⟨und⟩ $9/11$ Schritt lang. Die Frage ist: Wie groß ist das Feld? Die Antwort sagt: $7/11$ Pu.
21. Ferner hat man ein Feld, $4/5$ Schritt breit ⟨und⟩ $5/9$ Schritt lang. Die Frage ist: Wie groß ist das Feld? Die Antwort sagt: $4/9$ Pu.

Multiplizieren von Brüchen[1])

Die Regel lautet: Die Nenner werden miteinander multipliziert; es ist der Divisor. Die Zähler werden miteinander multipliziert; es ist der Dividend. Teile den Dividenden durch den Divisor.

[1]) Ch'êng fên; ch'êng = fahren, multiplizieren.

22. Jetzt hat man ein Feld; ‹es ist› $3^1/_3$ Schritt breit ‹und› $5^2/_5$ Schritt lang. Die Frage ist: Wie groß ist das Feld? Die Antwort sagt: 18 Pu.

23. Ferner hat man ein Feld; ‹es ist› $7^3/_4$ Schritt breit ‹und› $15^5/_9$ Schritt lang. Die Frage ist: Wie groß ist das Feld? Die Antwort sagt: $120^5/_9$ Pu.

24. Ferner hat man ein Feld; ‹es ist› $18^5/_7$ Schritt breit ‹und› $23^6/_{11}$ Schritt lang. Die Frage ist: Wie groß ist das Feld? Die Antwort sagt: 1 Mou $200^7/_{11}$ Pu.

Allgemeine Feldermessung[1])

Die Regel lautet: Jeden Nenner des Bruches multipliziere mit seinen[2]) Ganzen; den Zähler des Bruches addiere dazu. Multipliziere ‹beides› miteinander; es ist der Dividend. Die Nenner der Brüche werden miteinander multipliziert; es ist der Divisor. Teile den Dividenden durch den Divisor[3]).

[1]) T.: Allgemeine Breite von Feldern.
[2]) Es handelt sich um die Ganzen der gemischten Zahlen $a + z_1/n_1$ und $b + z_2/n_2$.
[3]) Die Regel lautet: $(an_1 + z_1) \cdot (bn_2 + z_2) : (n_1 \cdot n_2)$.

25. Jetzt hat man ein *dreieckiges Feld*[1]) ‹mit einer› Breite von 12 Schritt ‹und› einer senkrechten Länge von 21 Schritt. Die Frage ist: Wie groß ist das Feld? Die Anwort sagt: 126 Pu.

26. Ferner hat man ein *dreieckiges Feld* ‹mit einer ›Breite von $5^1/_2$ Schritt ‹und› einer Länge[2]) von $8^2/_3$ Schritt. Die Frage ist: Wie groß ist das Feld? Die Antwort sagt: $23^5/_6$ Pu.

Die Regel lautet: Halbiere die Breite, damit multipliziere die senkrechte Länge.

[1]) Kuei t'ien; kuei = Ackerland, das der Kaiser an Beamte verleiht. Hier sind es Dreiecke, deren Längenausdehnung in der Nord-Süd-

Richtung und deren Breitenausdehnung in der Ost-West-Richtung liegt. Die Höhe ist die senkrechte Länge bzw. Breite.

[2]) Da die folgende Regel sich auf die beiden Aufgaben 25 und 26 bezieht, ist wohl eine „senkrechte Länge" gemeint. Andernfalls wäre es in Aufgabe 26 ein rechtwinkliges Dreieck.

27. Jetzt hat man ein *schiefes Feld*[1]); an einem Ende ⟨ist⟩ die Breite 30 Schritt, am andern Ende ⟨ist⟩ die Breite 42 Schritt. Die senkrechte Länge ⟨ist⟩ 64 Schritt. Die Frage ist: Wie groß ist das Feld? Die Antwort sagt: 9 Mou 144 Pu.

28. Ferner hat man ein *schiefes* Feld[2]); die senkrechte Breite ⟨ist⟩ 65 Schritt, eine seitliche Länge ⟨ist⟩ 100 Schritt, die andere seitliche Länge ⟨ist⟩ 72 Schritt. Die Frage ist: Wie groß ist das Feld? Die Antwort sagt: 23 Mou 70 Pu.

Die Regel lautet: Addiere beide ungleiche[3]) ⟨Seiten⟩ und halbiere es. Damit multipliziere die senkrechte Länge oder Breite. Auch kann man die senkrechte Länge oder Breite halbieren ⟨und⟩ damit die Summe ⟨der Seiten⟩ multiplizieren. ⟨Durch⟩ Mou als Divisor teile es[4]).

[1]) Hsieh t'ien; hsieh = schlecht, abgebogen, schräg. Es handelt sich um ein Trapez (Fig. 1), das auch ungleichseitig sein kann.
[2]) Das Trapez liegt diesmal in der anderen Richtung (Fig. 2).
[3]) T.: Addiere beide schlechten ⟨Seiten⟩. Es sind hier nicht die schiefen, sondern die parallelen Seiten gemeint.
[4]) T.: Mou fa êrh i; s. hierzu S. 112. Der Sinn ist: damit man Mou bekommt, muß man durch 240 dividieren.

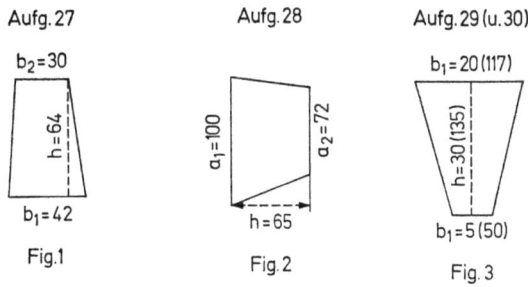

Aufg. 27 — Fig. 1
Aufg. 28 — Fig. 2
Aufg. 29 (u. 30) — Fig. 3

29. Jetzt hat man ein Feld ⟨in der Form⟩ eines *Korbes*[1]); die obere Breite ⟨ist⟩ 20 Schritt, die untere Breite 5 Schritt, die senkrechte Länge 30 Schritt. Die Frage ist: Wie groß ist das Feld? Die Antwort sagt: 1 Mou 135 Pu.

30. Ferner hat man ein Feld ‹in der Form› eines *Korbes;* die obere Breite ‹ist› 117 Schritt, die untere Breite 50 Schritt, die senkrechte Länge 135 Schritt. Die Frage ist: Wie groß ist das Feld? Die Antwort sagt: 46 Mou 232 Pu ‹und› ein Halbes.

Die Regel lautet: Addiere die untere ‹und› obere ‹Breite›, halbiere es. Damit multipliziere die senkrechte Länge. ‹Durch› Mou als Divisor teile es.

[1]) Chi t'ien (chi = Korb, Sieb). Während die Trapeze in Aufgabe 27 und 28 beliebige Trapeze sein können, ist der Querschnitt des „Korbes" ein gleichschenkliges mit der längeren Parallelen oben (Fig. 3).

31. Jetzt hat man ein *rundes Feld*[1]); der Umfang ‹ist› 30 Schritt, der Durchmesser 10 Schritt. Die Frage ist: Wie groß ist das Feld? Die Antwort sagt: 75 Pu.

32. Ferner hat man ein *rundes Feld;* der Umfang ‹ist› 181 Schritt, der Durchmesser $60^1/_3$ Schritt. Die Frage ist: Wie groß ist das Feld? Die Antwort sagt: 11 Mou $90^1/_{12}$ Pu.

Die Regel lautet: Der halbe Umfang ‹und› der halbe Durchmesser miteinander multipliziert ergibt die Fläche in Pu.

Eine andere Regel lautet: Umfang ‹und› Durchmesser werden miteinander multipliziert. Dividiere durch 4[2]).

Eine andere Regel lautet: Der Durchmesser wird mit sich selbst multipliziert. Verdreifache es[3]) und dividiere durch 4.

Eine andere Regel lautet: Der Umfang wird mit sich selbst multipliziert. Dividiere durch 12[4]).

[1]) Yüan t'ien; yüan = rund, kreisförmig, Kreis. Da wie bei den Babyloniern $\pi = 3$ gerechnet wird, ist die Aufgabe überbestimmt; der Kreisdurchmesser ist immer der 3. Teil des Umfangs.
[2]) T.: Sz u êrh i (sz u = 4). Zu dieser Kurzform des Divisionsterminus s. S. 112.
[3]) T.: San chih (= 3 es). Hier ist 3 ein transitives Zeitwort.
[4]) Die vier Regeln für die Kreisfläche, in denen entweder nur der Umfang (u) oder der Durchmesser (d) oder auch beide auftreten, sind:
(1) $F = u/2 \cdot d/2$; (2) $F = (u \cdot d) : 4$; (3) $F = 3d^2 : 4$; (4) $F = u^2 : 12$.

33. Man hat ein *geschmälertes Feld*[1]); der untere Bogen ‹ist› 30 Schritt, der Durchmesser 16 Schritt. Die Frage ist: Wie groß ist das Feld? Die Antwort sagt: 120 Pu.

34. Wieder hat man ein *geschmälertes Feld;* der untere Bogen ⟨ist⟩ 99 Schritt, der Durchmesser 51 Schritt. Die Frage ist: Wie groß ist das Feld? Die Antwort sagt: 5 Mou $62^1/_4$ Pu.
Die Regel lautet: Mit dem Durchmesser multipliziere den Bogen. Dividiere durch 4.

35. Jetzt hat man ein *bogenförmiges Feld*[2]). Die Sehne ⟨ist⟩ 30 Schritt, der Pfeil 15 Schritt. Die Frage ist: Wie groß ist das Feld? Die Antwort sagt: 1 Mou 97 Pu ⟨und⟩ ein Halbes.

36. Wieder hat man ein *bogenförmiges Feld*[3]). Die Sehne ⟨ist⟩ $78^1/_2$ Schritt, der Pfeil $13^7/_9$ Schritt. Die Frage ist: Wie groß ist das Feld? Die Antwort sagt: 2 Mou $155^{56}/_{81}$ Pu.

Die Regel lautet: Mit der Sehne multipliziere den Pfeil, den Pfeil wiederum mit sich ⟨selbst⟩. Addiere es ⟨und⟩ dividiere durch 2.

[1]) Yüan t'ien (yüan = schmal). Es ist ein Kreissektor mit der Fläche $F = (b \cdot d) : 4$ (Fig. 4).
[2]) Hu t'ien; hu = Bogen, Mond. Da der Pfeil halb so groß ist wie die Sehne, handelt es sich hier um einen Halbkreis (Fig. 5). Pfeil = s h i h
[3]) Hier ist hu t'ien ein Kreissegment (Fig. 6); die nur für den Halbkreis exakte Formel lautet: $F = (s \cdot p + p^2) : 2$. Damit ist das Segment durch ein umschriebenes Trapez approximiert [2(1); 523]. Heron (Metrika I; XXX) erwähnt diese Formel „der Alten" nebst einer Reihe anderer Formeln, bei denen noch ein Korrekturglied hinzukommt. S. hierzu [22; 422f.] und [16; 33ff.].

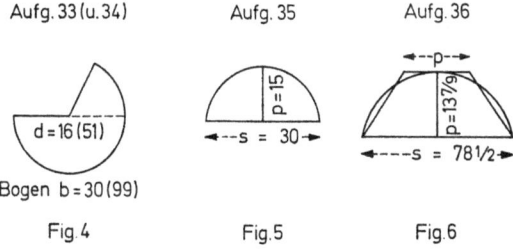

Aufg. 33 (u. 34)   Aufg. 35   Aufg. 36

d = 16 (51)
Bogen b = 30 (99)

s = 30, p = 15

p = $13^7/_9$, s = $78^1/_2$

Fig. 4   Fig. 5   Fig. 6

37. Jetzt hat man ein Feld ⟨in Form eines⟩ *Ringes*[1]). Der innere[2]) Umfang ⟨ist⟩ 92 Schritt, der äußere Umfang 122 Schritt; die Ringbreite[3]) ⟨ist⟩ 5 Schritt. Die Frage ist: Wie groß ist das Feld? Die Antwort sagt: 2 Mou 55 Pu.

38. Wieder hat man ein Feld ⟨in Form eines⟩ *Ringes*. Der innere Umfang ⟨ist⟩ $62^3/_4$ Schritt, der äußere Umfang $113^1/_2$ Schritt; die Ringbreite ⟨ist⟩ $12^2/_3$ Schritt[4]). Die Frage ist: Wie groß ist das Feld? Die Antwort sagt: 4 Mou $156^1/_4$ Pu.

Die Regel lautet: Addiere den inneren und äußeren Umfang und halbiere es; mit der Ringbreite multipliziere es. Es ist die Fläche in Pu[5]). Genauer rechnet eine Regel, die lautet: Lege ‹auf dem Rechenbrett› auf: den Betrag der ‹ganzen› Schritte des inneren und äußeren Umfangs. Jeder Nenner ‹und› Zähler liegt darunter[6a]). Die Zähler werden der Reihe nach mit den Nennern multipliziert[6b]). Die Nenner der Brüche werden miteinander multipliziert[6c]). Die ‹auf den› Hauptnenner ‹gebrachten› ganzen Schritte[6d]) treten zu den Zählern der Brüche[6e]). Addiere und halbiere es[6f]). – Auch kann man um den inneren Umfang den äußeren verkleinern, den Rest halbieren ‹und› damit den inneren Umfang vergrößern[7]). – Die ebenfalls in einen Bruch verwandelten ‹Ganzen› der Ringbreite treten zum Zähler[6g]). Damit multipliziere den Umfang[6h]). Es ist der Dividend. Die Nenner der Brüche werden miteinander multipliziert[6i]); es ist der Divisor. Dividiere es [6k]); es ist die Fläche in Pu. Die als Bruch übrig gebliebene Fläche in Pu kürze sie ‹mit› der gleichen Zahl[6l]). Mit Mou als Divisor teile es[6m]). Dann ‹ist es› die Zahl der Mou.

[1]) Huan t'ien; huan = einkreisen, Ring (Fig. 7).
[2]) T.: mittlerer Umfang.
[3]) Ching = direkt, Durchmesser. Die Ringbreite ist schon durch die beiden Umfänge u_1 und u_2 bestimmt, nämlich
   $d = (122/3 - 92/3) : 2 = 5$.
[4]) Die aus den Umfängen sich ergebende Ringbreite wäre $8^1/_{24}$. Auf diesen Fehler hin den „Neun Büchern" hat schon Yang Hui i. J. 1275 aufmerksam gemacht.
[5]) Die Formel $\dfrac{u_1 + u_2}{2} \cdot d$ ist für $\pi = 3$ identisch mit $\dfrac{u_1^2}{12} - \dfrac{u_2^2}{12}$.
[6a]) Die Einzelschritte bei der Berechnung der Aufgabe 38 sehen folgendermaßen aus: Zuerst wird auf dem Brett aufgelegt
   62 113;   dies wird verändert zu   62 113
   3   1   6   4
   4   2   8   8.
[6b]) $3 \cdot 2 = 6$; $1 \cdot 4 = 4$.
[6c]) $4 \cdot 2 = 8$.
[6d]) $62 \cdot 8 = 496$; $113 \cdot 8 = 904$.
[6e]) $496 + 6 = 502$; $904 + 4 = 908$.
[6f]) $(502 + 908) : 2 = 705$.
[6g]) $12 \cdot 3 + 2 = 38$.
[6h]) $705 \cdot 38 = 26790$.
[6i]) $4 \cdot 2 \cdot 3 = 24$.
[6k]) $26790 : 24 = 1116^6/_{24}$.
[6l]) $^6/_{24} = ^1/_4$.
[6m]) $1116^1/_4 : 240 = 4$(Mou); Rest $156^1/_4$(Pu).

⁷) Es ist $u_2 + \dfrac{u_1 - u_2}{2} = \dfrac{u_1 - u_2}{2}$.

Aufg. 37 (u. 38)

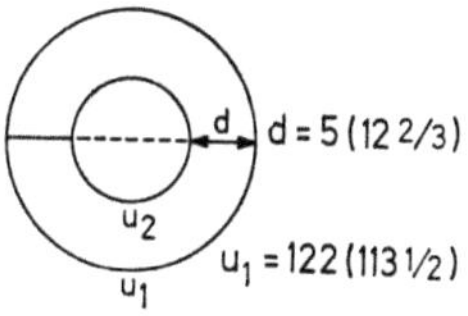

$d = 5\,(12\,2/3)$

$u_1 = 122\,(113\,1/2)$

$u_2 = 92\,(62\,3/4)$

Fig. 7

Buch II

Feldfrüchte¹)

Regelung ‹des Tausches› von Feldfrüchten

‹Grund-›Hirse ‹hat die› Meßzahl²)	50	
Geschälte Hirse	30	
Gereinigte Hirse	27	
Gut gereinigte Hirse	24	
Hirse für Herrschaften	21	
Feine Grütze	13	‹und› ein Halbes
Grobe Grütze	54	
Hirse geschält und gekocht	75	
Hirse gereinigt und gekocht	54	
Hirse gut gereinigt und gekocht	48	
Hirse für Herrschaften gekocht	42	
Dicke Bohnen, Erbsen, Hanf, Weizen jedes	45	
Reis auf dem Halm	60	
Schwarze Bohnen	63	
Brei	90	
Dicke Bohnen gekocht	103	‹und› ein Halbes
Keimendes Korn	175	

Jetzt hat man ‹folgende› Regel, die lautet:
Mit der Menge des Vorhandenen multipliziert man die Meßzahl des Gesuchten; es ist der Dividend. Nimm die Meßzahl des Vorhandenen; es ist der Divisor. Teile den Dividenden durch den Divisor³).

¹) T.: Su mi*; su = Korn, Hirse, indisch Korn; mi = Reis oder andere Körnerfrüchte. Welche Getreideart vorliegt, ist unsicher mit Ausnahme

17

von „Grundhirse" und „Reis auf dem Halm". Daß unter mi Hirse zu verstehen ist, zeigt Aufg. VII, 9; hier wird su gereinigt und wird zu mi.

[2]) T.: Lü* = Rate, Taxe, Norm, Meßzahl; in der Lesung lei bedeutet das Schriftzeichen rechnen, Rechnung (s. S. 107). Die Meßzahlen bestimmen die Volumeneinheiten, die man für 50 Einheiten Grundhirse bekommt.

[3]) Die Regel entspricht dem Dreisatz. Hat man die Menge a mit der Meßzahl m_1 und sucht man die entsprechende Menge x mit der Meßzahl m_2, dann gilt der Schluß: Für m_1 bekommt man m_2, für x bekommt man $(m_2 : m_1) \cdot a$ oder $(a \cdot m_2) : m_1$, wie es die Regel verlangt.

1. Jetzt hat man 1 Tou[1]) Hirse; gewünscht wird geschälte Hirse. Frage: Wieviel erhält man? Die Antwort sagt: Es sind 6 Shêng geschälte Hirse.

Die Regel lautet: Nimm die Hirse; zum Aufsuchen der geschälten Hirse verdreifache es ⟨und⟩ dividiere durch 5[2]).

[1]) 1 Tou = 10 Shêng; über die Hohlmaße s. S. 140.
[2]) Der Multiplikand 3 (wie bei den weiteren Aufgaben 27, 12 usw.) ist als Zeitwort verwendet mit dem Akkusativobjekt „es". S. hierzu S. 110.

2. Jetzt hat man 2 Tou 1 Shêng Hirse; gewünscht wird gereinigte Hirse. Frage: Wieviel erhält man? Die Antwort sagt: Es sind 1 Tou $1^{17}/_{50}$ Shêng gereinigte Hirse.

Die Regel lautet: Nimm die Hirse; zum Aufsuchen der gereinigten Hirse multipliziere es mit 27 ⟨und⟩ dividiere durch 50.

3. Jetzt hat man 4 Tou 5 Shêng Hirse; gewünscht wird gut gereinigte Hirse. Frage: Wieviel erhält man? Die Antwort sagt: Es sind 2 Tou $1^3/_5$ Shêng gut gereinigte Hirse.

Die Regel lautet: Nimm die Hirse; zum Aufsuchen der gut gereinigten Hirse multipliziere es mit 12 ⟨und⟩ dividiere durch 25[1]).

[1]) Bei dem Verhältnis der Meßzahlen wird meist gekürzt oder erweitert; es ist $30:50 = 3:5$ (Aufg. 1, 20); $24:50 = 12:25$ (Aufg. 3, 22); $13^1/_2:50 = 27:100$ (Aufg. 5); $54:50 = 27:25$ (Aufg. 6, 8); $75:50 = 3:2$ (Aufg. 7); $48:50 = 24:25$ (Aufg. 9); $42:50 = 21:25$ (Aufg. 10); $45:50 = 9:10$ (Aufg. 14); $60:50 = 6:5$ (Aufg. 15, 24); $90:50 = 9:5$ (Aufg. 17); $103^1/_2:50 = 207:100$ (Aufg. 18); $175:50 = 7:2$ (Aufg.19); $27:30 = 9:10$ (Aufg. 25); $75:30 = 5:2$ (Aufg. 26); $90:75 = 6:5$ (Aufg. 27); $103^1/_2:45 = 23:10$ (Aufg. 28); $63:45 = 7:5$ (Aufg.29); $13^1/_2:45 = 3:10$ (Aufg. 30); $54:45 = 6:5$ (Aufg. 31).

4. Jetzt hat man 7 Tou 9 Shêng Hirse; gewünscht wird Hirse für Herrschaften. Frage: Wieviel erhält man? Die Antwort sagt: Es sind 3 Tou $3^9/_{50}$ Shêng Hirse für Herrschaften.

Die Regel lautet: Nimm die Hirse; zum Aufsuchen der Hirse für Herrschaften multipliziere es mit 21 ‹und› dividiere durch 50.

5. Jetzt hat man 1 Tou Hirse; gewünscht wird feine Grütze. Frage: Wieviel erhält man? Die Antwort sagt: Es sind $2^7/_{10}$ Shêng feine Grütze.

Die Regel lautet: Nimm die Hirse; zum Aufsuchen der feinen Grütze multipliziere es mit 27 ‹und› dividiere durch 100.

6. Jetzt hat man 9 Tou 8 Shêng Hirse; gewünscht wird grobe Grütze. Frage: Wieviel erhält man? Die Antwort sagt: Es sind 10 Tou $5^{21}/_{25}$ Shêng grobe Grütze.

Die Regel lautet: Nimm die Hirse; zum Aufsuchen der groben Grütze multipliziere es mit 27 ‹und› dividiere durch 25.

7. Jetzt hat man 2 Tou 3 Shêng Hirse; gewünscht wird geschälte und gekochte Hirse. Frage: Wieviel erhält man? Die Antwort sagt: Es sind 3 Tou 4 Shêng und ein halbes an geschälter und gekochter Hirse.

Die Regel lautet: Nimm die Hirse; zum Aufsuchen der geschälten und gekochten Hirse verdreifache es ‹und› dividiere durch 2.

8. Jetzt hat man 3 Tou 6 Shêng Hirse; gewünscht wird gereinigte und gekochte Hirse. Frage: Wieviel erhält man? Die Antwort sagt: Es sind 3 Tou $8^{22}/_{25}$ Shêng gereinigter und gekochter Hirse.

Die Regel lautet: Nimm die Hirse; zum Aufsuchen der gereinigten und gekochten Hirse multipliziere es mit 27 ‹und› dividiere durch 25.

9. Jetzt hat man 8 Tou 6 Shêng Hirse; gewünscht wird gekochte gutgereinigte Hirse. Frage: Wieviel erhält man? Die Antwort sagt: Es sind 8 Tou $2^{14}/_{25}$ Shêng gekochte gut gereinigte Hirse.

Die Regel lautet: Nimm die Hirse; zum Aufsuchen der gekochten gut gereinigten Hirse multipliziere es mit 24 ‹und› dividiere durch 25.

10. Jetzt hat man 9 Tou 8 Shêng Hirse; gewünscht wird gekochte Hirse für Herrschaften. Frage: Wieviel erhält man? Die Antwort sagt: Es sind 8 Tou $2^8/_{25}$ Shêng an gekochter Hirse für Herrschaften.

Die Regel sagt: Nimm die Hirse; zum Aufsuchen der gekochten Hirse für Herrschaften multipliziere es mit 21 ‹und› dividiere durch 25.

11. Jetzt hat man 3 Tou ‹und› $^1/_3$ Shêng Hirse; gewünscht werden dicke Bohnen. Frage: Wieviel erhält man? Die Antwort sagt: Es sind 2 Tou $7^3/_{10}$ Shêng dicke Bohnen.

12. Jetzt hat man 4 Tou 1²/₃ Shêng Hirse; gewünscht werden Erbsen. Frage: Wieviel erhält man? Die Antwort sagt: Es sind 3 Tou 7 Shêng ‹und› ein halbes an Erbsen.
13. Jetzt hat man 5 Tou ‹und› ²/₃ Shêng Hirse; gewünscht wird Hanf. Frage: Wieviel erhält man? Die Antwort sagt: Es sind 4 Tou 5³/₅ Shêng Hanf.
14. Jetzt hat man 10 Tou 8²/₅ Shêng Hirse; gewünscht wird Weizen. Frage: Wieviel erhält man? Die Antwort sagt: Es sind 9 Tou 7¹⁴/₂₅ Shêng Weizen.

Die Regel lautet: Nimm die Hirse; zum Aufsuchen von dicken Bohnen, Erbsen, Hanf ‹und› Weizen multipliziere es jedesmal mit 9 ‹und› dividiere durch 10.

15. Jetzt hat man 7 Tou 5⁴/₇ Shêng Hirse; gewünscht: Reis auf dem Halm. Frage: Wieviel erhält man? Die Antwort sagt: Es sind 9 Tou ‹und› ²⁴/₃₅ Shêng Reis auf dem Halm.

Die Regel lautet: Nimm die Hirse; zum Aufsuchen von Reis auf dem Halm multipliziere es mit 6 ‹und› dividiere durch 5.

16. Jetzt hat man 7 Tou 8 Shêng Hirse; gewünscht werden schwarze Bohnen. Frage: Wieviel erhält man? Die Antwort sagt: Es sind 9 Tou 8⁷/₂₅ Shêng schwarze Bohnen.

Die Regel lautet: Nimm die Hirse; zum Aufsuchen der schwarzen Bohnen multipliziere es mit 63 ‹und› dividiere durch 50.

17. Jetzt hat man 5 Tou 5 Shêng Hirse; gewünscht wird Brei. Frage: Wieviel erhält man? Die Antwort sagt: 9 Tou 9 Shêng Brei.

Die Regel lautet: Nimm die Hirse: zum Aufsuchen vom Brei multipliziere es mit 9 ‹und› dividiere durch 5.

18. Jetzt hat man 4 Tou Hirse; gewünscht werden gekochte dicke Bohnen. Frage: Wieviel erhält man? Die Antwort sagt: Es sind 8 Tou 2⁴/₅ Shêng gekochte dicke Bohnen.

Die Regel lautet: Nimm die Hirse; zum Aufsuchen der gekochten dicken Bohnen multipliziere es mit 207 ‹und› dividiere durch 100.

19. Jetzt hat man 2 Tou Hirse; gewünscht wird keimendes Korn. Frage: Wieviel erhält man? Die Antwort sagt: Es sind 7 Tou keimendes Korn.

Die Regel sagt: Nimm die Hirse; zum Aufsuchen von keimendem Korn multipliziere es mit 7 ‹und› dividiere durch 2.

---

20. Jetzt hat man 15 Tou 5²/₅ Shêng geschälte Hirse; gewünscht wird Grundhirse. Frage: Wieviel erhält man? Die Antwort sagt: Es sind 25 Tou 9 Shêng Grundhirse.

Die Regel lautet: Nimm die geschälte Hirse; zum Aufsuchen der Grundhirse multipliziere es mit 5 ⟨und⟩ dividiere durch 3[1]).

21. Jetzt hat man 2 Tou gereinigte Hirse; gewünscht wird Grundhirse. Frage: Wieviel erhält man? Die Antwort sagt: Es sind 3 Tou $7^1/_{27}$ Shêng Grundhirse.

Die Regel lautet: Nimm die gereinigte Hirse; zum Aufsuchen der Grundhirse multipliziere es mit 50 ⟨und⟩ dividiere durch 27.

22. Jetzt hat man 3 Tou ⟨und⟩ $^1/_3$ Shêng gut gereinigte Hirse; gewünscht wird Grundhirse. Frage: Wieviel erhält man? Die Antwort sagt: Es sind 6 Tou $3^7/_{36}$ Shêng Grundhirse.

Die Regel lautet: Nimm die gut gereinigte Hirse; zum Aufsuchen der Grundhirse multipliziere es mit 25 ⟨und⟩ dividiere durch 12.

23. Jetzt hat man 14 Tou Hirse für Herrschaften; gewünscht wird Grundhirse. Frage: Wieviel erhält man? Die Antwort sagt: Es sind 33 Tou $3^1/_3$ Shêng Grundhirse.

Die Regel lautet: Nimm den Reis für Herrschaften; zum Aufsuchen der Grundhirse multipliziere es mit 50 ⟨und⟩ dividiere durch 21.

24. Jetzt hat man 12 Tou $6^{14}/_{15}$ Shêng Reis auf dem Halm; gewünscht wird Grundhirse. Frage: Wieviel erhält man? Die Antwort sagt: Es sind 10 Tou $5^7/_9$ Shêng Grundhirse.

Die Regel lautet: Nimm den Reis auf dem Halm; zum Aufsuchen der Grundhirse multipliziere es mit 5 ⟨und⟩ dividiere durch 6.

25. Jetzt hat man 19 Tou $2^1/_7$ Shêng geschälte Hirse; gewünscht wird gereinigte Hirse. Frage: Wieviel erhält man? Die Antwort sagt: Es sind 17 Tou $2^{13}/_{14}$ Shêng gereinigte Hirse.

Die Regel lautet: Nimm die geschälte Hirse; zum Aufsuchen der gereinigten Hirse multipliziere es mit 9 ⟨und⟩ dividiere durch 10.

26. Jetzt hat man 6 Tou $4^3/_5$ Shêng geschälte Hirse; gewünscht wird gekochte geschälte Hirse. Frage: Wieviel erhält man? Die Antwort sagt: Es sind 16 Tou 1 Shêng ⟨und⟩ ein halbes an gekochter geschälter Hirse.

Die Regel lautet: Nimm die geschälte Hirse; zum Aufsuchen der gekochten geschälten Hirse multipliziere es mit 5 ⟨und⟩ dividiere durch 2.

27. Jetzt hat man 7 Tou $6^4/_7$ Shêng gekochte geschälte Hirse; gewüncht wird Brei. Frage: Wieviel erhält man? Die Antwort sagt: Es sind 9 Tou $1^{31}/_{35}$ Shêng Brei.

Die Regel lautet: Nimm die gekochte geschälte Hirse; zum Aufsuchen von Brei multipliziere es mit 6 ‹und› dividiere durch 5.
28. Jetzt hat man 1 Tou dicke Bohnen; gewünscht werden gekochte dicke Bohnen. Frage: Wieviel erhält man? Die Antwort sagt: Es sind 2 Tou 3 Shêng gekochte dicke Bohnen.

Die Regel lautet: Nimm die dicken Bohnen; zum Aufsuchen von gekochten dicken Bohnen multipliziere es mit 23 ‹und› dividiere durch 10.

29. Jetzt hat man 2 Tou dicke Bohnen; gewünscht werden schwarze Bohnen. Frage: Wieviel erhält man? Die Antwort sagt: Es sind 2 Tou 8 Shêng schwarze Bohnen.

Die Regel lautet: Nimm die dicken Bohnen; zum Aufsuchen der schwarzen Bohnen multipliziere es mit 7 ‹und› dividiere durch 5.
30. Jetzt hat man 8 Tou $6^{3}/_{7}$ Shêng Weizen; gewünscht wird feine Grütze. Frage: Wieviel erhält man? Die Antwort sagt: Es sind 2 Tou $5^{13}/_{14}$ Shêng feine Grütze.

Die Regel lautet: Nimm den Weizen; zum Aufsuchen der feinen Grütze multipliziere es mit 3 ‹und› dividiere durch 10.
31. Jetzt hat man 1 Tou Weizen; gewünscht wird grobe Grütze. Frage: Wieviel erhält man? Die Antwort sagt: Es sind 1 Tou 2 Shêng grobe Grütze.

Die Regel lautet: Nimm den Weizen; zum Aufsuchen der groben Grütze multipliziere mit 6 ‹und› dividiere durch 5.

[1]) In den Aufgaben 20–31 wird jetzt umgekehrt aus den verschiedenen Feldfrüchten der entsprechende Betrag an Grundhirse u. a. berechnet.

32. Jetzt hat man ausgegeben 160 Geldstücke ‹zum› Kauf von 18 Stück Henkelkrügen. Frage: Wieviel ‹kostet› das Stück? Die Antwort sagt: 1 Stück ‹kostet› $8^{8}/_{9}$ Geldstücke.
33. Jetzt hat man ausgegeben 1 3500[1]) Geldstücke ‹zum› Kauf von 2350 Stück Bambusstäben. Frage: Wieviel ‹kostet› das Stück? Die Antwort sagt: 1 Stück ‹kostet› $5^{35}/_{47}$ Geldstücke.

‹Bestimmung› des Einzelpreises ‹durch› Division[2])

Die Regel lautet: Nimm die Menge von dem, was gekauft wurde, als Divisor ‹und› die Zahl der Geldstücke, die ausgegeben wurden, als Dividend. Teile den Dividenden durch den Divisor; ‹dann› erhältst du 1 ‹Stück›[3]).

[1]) Zur Myriadenschreibung der ganzen Zahlen s. S. 105.

²) T.: Ching lü = „erdividiere" den Einzelpreis.
³) Shih ju fa tê i (= Dividend kommt zum Divisor, man erhält Eines) ist eine Variante zu shih ju fa êrh i. Hierzu s. S. 111.

34. Jetzt hat man ausgegeben 5785 Geldstücke ‹zum› Kauf von 1 Hu 6 Tou 7²/₃ Shêng Firnis. Man wünscht es für ‹ein› Tou zu berechnen¹). Frage: Wieviel ‹kostet› ein Tou? Die Antwort sagt: 1 Tou ‹kostet› 345$^{15}/_{503}$ Geldstücke²).

35. Jetzt hat man ausgegeben 720 Geldstücke ‹zum› Kauf von 1 Rolle 2 Klafter 1 Fuß Seidenstoff. Man wünscht es für ein Klafter zu berechnen. Frage: Wieviel ‹kostet› ein Klafter? Die Antwort sagt: 1 Klafter ‹kostet› 118$^{2}/_{61}$ Geldstücke³).

36. Jetzt hat man ausgegeben 2370 Geldstücke ‹zum› Kauf von 9 Rollen 2 Klafter 7 Fuß Baumwollstoff. Man wünscht es für eine Rolle zu berechnen. Frage: Wieviel ‹kostet› eine Rolle? Die Antwort sagt: 1 Rolle ‹kostet› 244$^{124}/_{129}$ Geldstücke⁴).

37. Jetzt hat man ausgegeben 1 3670 Geldstücke ‹zum› Kauf von 1 Stein 2 Chün 17 Pfund Rohseide. Man wünscht es für einen Stein zu berechnen. Frage: Wieviel ‹kostet› ein Stein? Die Antwort sagt: 1 Stein ‹kostet› 8326$^{178}/_{197}$ Geldstücke⁵).

‹Bestimmung› des Einzelpreises ‹durch› Division

Die Regel lautet: Mit ‹der Anzahl der kleinsten› Einheiten dessen, was gesucht wird, multipliziere die Zahl der Geldstücke; es ist der Dividend. Nimm die ‹Anzahl der kleinsten› Einheiten dessen, was gekauft wird, als Divisor. Teile den Dividenden durch den Divisor, ‹dann› erhältst du 1 Stück.

¹) Bei den Einzelpreisberechnungen in den Aufgaben 34—37 ist die Warenmenge immer in mehreren Maßeinheiten gegeben. So muß man von der kleinsten Einheit ausgehen. 1 Hu 6 Tou 7²/₃ Shêng = 167²/₃ Shêng.
²) Berechnung: (5785 · 10 : 167²/₃.
³) 1 Rolle 2 Klafter 1 Fuß = 61 Fuß. Berechnung: (720 · 10) : 61.
⁴) 9 Rollen 2 Klafter 7 Fuß = 387 Fuß. Berechnung: (2370 · 40) : 387.
⁵) 1 Stein 2 Chün 17 Pfund = 197 Pfund. Berechnung: (13 670·120):197.— Seide wird nach dem Gewicht, Stoff nach der Länge berechnet.

38. Jetzt¹) hat man ausgegeben 576 Geldstücke ‹zum› Kauf von 78 Stück Bambusstäben. Man wünscht es zu berechnen, ‹wenn› unter ihnen große ‹und› kleine ‹sind›. Frage: Wieviel ‹sind es› von jeder ‹Art›? Die Antwort sagt: Unter ihnen ‹sind› 48 Stück, das Stück ‹zu› 7 Geldstücken; unter ihnen ‹sind› 30 Stück, das Stück ‹zu› 8 Geldstücken²).

39. Jetzt hat man ausgegeben 1120 Geldstücke ‹zum› Kauf von 1 Stein 2 Chün 18 Pfund Rohseide. Man wünscht es zu berechnen, ‹wenn› unter ihnen teuere ‹und› billige Pfund ‹sind›. Frage: Wieviel ‹sind es› von jeder ‹Art›? Die Antwort sagt: Unter ihnen ‹sind es› 2 Chün 8 Pfund, das Pfund ‹zu› 5 Geldstücken; unter ihnen ‹sind es› 1 Stein 10 Pfund, das Pfund ‹zu› 6 Geldstücken³).

¹) Die folgenden Probleme von Buch II sind Aufgaben der unbestimmten Analytik. Von einem Problem der babylonischen Mathematik abgesehen sind es die ältesten bekannten dieser Art überhaupt. Es werden 2 Gruppen von Aufgaben behandelt. Zum Lösungsrezept der 1. Gruppe (Aufg. 38–43) s. S. 134. Das Rezept ist $A/N = u + x/N$; dabei ist A der Preis, N die Stückzahl, von denen x Stück je $u + 1$ Geldstücke und die restlichen N-x Stück je u Geldstücke kosten.
²) Rechnung: $576/78 = 7 + 30/78$; also $u = 7$ und $x = 30$.
³) Rechnung: $1120/198 = 5 + 130/198$;
 also $u = 5$ und $x = 130$ (Pfund) = 1 Stein 10 Pfund.

40. Jetzt¹) hat man ausgegeben 1 3970 Geldstücke ‹zum› Kauf von 1 Stein 2 Chün 28 Pfund 3 Unzen 5 Chu Rohseide. Man wünscht es zu berechnen, ‹wenn› unter ihnen teuere ‹und› billige Stein ‹sind›. Frage: Wieviel ‹sind es› von jeder ‹Art›? Die Antwort sagt: Unter ihnen ‹sind es› 1 Chün 9 Unzen 12 Chu, ‹von denen› der Stein 8051 Geldstücke ‹kostet›; unter ihnen ‹sind es› 1 Stein 1 Chün 27 Pfund 9 Unzen 17 Chu, ‹von denen› der Stein 8052 Geldstücke ‹kostet›²).

41. Jetzt hat man ausgegeben 1 3970 Geldstücke ‹zum› Kauf von 1 Stein 2 Chün 28 Pfund 3 Unzen 5 Chu Rohseide. Man wünscht es zu berechnen, ‹wenn› unter ihnen teuere ‹und› billige Chün ‹sind›. Frage: Wieviel ‹sind es› von jeder ‹Art›? Die Antwort sagt: Unter ihnen ‹sind es› 7 Pfund 10 Unzen 9 Chu, ‹von denen› das Chün 2012 Geldstücke ‹kostet›; unter ihnen ‹sind es› 1 Stein 2 Chün 20 Pfund 8 Unzen 20 Chu, ‹von denen› das Chün 2013 Geldstücke ‹kostet›³).

42. Jetzt hat man ausgegeben 1 3970 Geldstücke ‹zum› Kauf von 1 Stein 2 Chün 28 Pfund 3 Unzen 5 Chu Rohseide. Man wünscht es zu berechnen, ‹wenn› unter ihnen teuere ‹und› billige Pfund ‹sind›. Frage: Wieviel ‹sind es› von jeder ‹Art›? Die Antwort sagt: Unter ihnen ‹sind es› 1 Stein 2 Chün 7 Pfund 10 Unzen 4 Chu, ‹von denen› das Pfund 67 Geldstücke ‹kostet›; unter ihnen ‹sind es› 20 Pfund 9 Unzen 1 Chu, ‹von denen› das Pfund 68 Geldstücke ‹kostet›⁴).

43. Jetzt hat man ausgegeben 1 3970 Geldstücke ‹zum› Kauf von 1 Stein 2 Chün 28 Pfund 3 Unzen 5 Chu Rohseide. Man wünscht es zu berechnen, ‹wenn› unter ihnen teuere ‹und› billige Unzen ‹sind›. Frage: Wieviel ‹sind es› von jeder ‹Art›? Die Antwort sagt: Unter ihnen ‹sind es› 1 Stein 1 Chün 17 Pfund 14 Unzen 1 Chu, ‹von denen› die Unze 4 Geldstücke ‹kostet›; unter ihnen ‹sind es› 1 Chün 10 Pfund 5 Unzen 4 Chu, ‹von denen› die Unze 5 Geldstücke ‹kostet›[5]).

[1]) Bei den folgenden Aufgaben 40–43 wird immer ein Betrag von 1 Stein 2 Chün 28 Pfund 3 Unzen 5 Chu (= 7 9949 Chu) für 1 3970 Geldstücke gekauft. Dabei gilt der Preisunterschied 1 einmal für den Stein (Aufg. 40), dann für das Chün (Aufg. 41), für das Pfund (Aufg. 42) bzw. für die Unze (Aufg. 43).
[2]) Rechnung: $(1\ 3970 \cdot 4\ 6080) : 7\ 9949 = 8051 + {}^{6\ 8201}/_{7\ 9949}$; also $u = 8051$, $x = 6\ 8201$ Chu $= 6\ 8201 : 4\ 6080$ Stein.
[3]) $(1\ 3970 \cdot 1\ 1520) : 7\ 9949 = 2012 + {}^{7\ 7012}/_{7\ 9949}$; also $u = 2012$, $x = 7\ 7012$ Chu $= 7\ 7012 : 1\ 1520$ Chün.
[4]) $(1\ 3970 \cdot 384) : 7\ 9949 = 67 + {}^{7\ 897}/_{7\ 9949}$; also $u = 67$, $x = 7897$ Chu $= 7897 : 384$ Pfund.
[5]) $(1\ 3970 \cdot 24) : 7\ 9949 = 4 + {}^{1\ 5484}/_{7\ 9949}$; also $u = 4$, $x = 1\ 5484$ Chu $= 1\ 5484 : 24$ Unzen.

‹Bestimmung› dieser Einzelpreise[1])

Die Regel lautet: Jedesmal lege hin ‹in der kleinsten Einheit› das, was gekauft wurde, die Stein, Chün, Pfund, Unzen ‹und Chu›; nimm es als Divisor. Mit ‹der Anzahl der kleinsten› Einheiten ‹dessen, was gesucht wird› multipliziere die Anzahl der Geldstücke; es ist der Dividend. Teile den Dividenden durch den Divisor. ‹Da› die Division nicht aufgeht[2]), verkleinere umgekehrt[3]) ‹beim Rest› mit dem Dividenden den Divisor. Der Divisor ‹gehört zum› billigen, der Dividend ‹zum› teueren[4]).

[1]) T.: Ch'i lü; ch'i = Demonstrativ- und Possessiv-Pronomen.
[2]) T.: Wenn es den Divisor nicht erfüllt. Zu man s. S. 113.
[3]) „umgekehrt", weil sonst bei der Division vom Dividenden der Divisor subtrahiert wird. S. hierzu S. 134.
[4]) Führt man die Rechnung auf dem Rechenbrett durch (s. S. 108), dann steht nach der „Verkleinerung" auf der Zeile der Ganzen 7, auf der des Dividenden 30, auf der des Divisors 48. Es ist jetzt 30 die Zahl der teueren und 48 die der billigen Stücke.

44. Jetzt[1]) hat man ausgegeben 1 3970 Geldstücke ‹zum› Kauf von 1 Stein 2 Chün 28 Pfund 3 Unzen 5 Chu Rohseide. Man wünscht

es zu berechnen, ‹wenn› unter ihnen teuere ‹und› billige Chu ‹sind›. Frage: Wieviel ‹sind es› von jeder ‹Art›? Die Antwort sagt: Unter ihnen ‹sind es› 1 Chün 20 Pfund 6 Unzen 11 Chu, ‹von denen› 5 Chu 1 Geldstück ‹kosten›; unter ihnen ‹sind es› 1 Stein 1 Chün 7 Pfund 12 Unzen 18 Chu, ‹von denen› 6 Chu 1 Geldstück ‹kosten›[2]).

45. Jetzt hat man ausgegeben 620 Geldstücke ‹zum› Kauf von 2100 Hou[3]) Federn. Man wünscht es zu berechnen, ‹wenn› unter ihnen teuere ‹und› billige ‹Hou› sind. Frage: Wieviel ‹sind es› von jeder ‹Art›? Die Antwort sagt: Unter ihnen ‹sind es› 1140 Hou, ‹von denen› 3 Hou 1 Geldstück ‹kosten›; unter ihnen ‹sind es› 960 Hou, ‹von denen› 4 Hou 1 Geldstück ‹kosten›[4]).

46. Jetzt hat man ausgegeben 980 Geldstücke ‹zum› Kauf von 5820 Stück Pfeilschäften. Man wünscht es zu berechnen, ‹wenn› unter ihnen teuere ‹und› billige ‹Stücke› sind. Frage: Wieviel ‹sind es› von jeder ‹Art›? Die Antwort sagt: Unter ihnen ‹sind es› 300 Stücke, ‹von denen› 5 Stücke 1 Geldstück ‹kosten›. Unter ihnen ‹sind es› 5520 Stücke, ‹von denen› 6 Stücke 1 Geldstück ‹kosten›[5]).

Umgekehrte ‹Art› dieser ‹verschiedenen› Einzelpreise

Die Regel lautet: Nimm die Zahl der Geldstücke als Divisor. Die Anzahl dessen, was ‹gekauft wurde›, ist der Dividend. Teile den Dividenden durch den Divisor. ‹Da› die Division nicht aufgeht, verkleinere umgekehrt mit dem Dividenden den Divisor[6]). Zum Divisor ‹gehören› wenig, ‹zum› Dividenden viel ‹Stücke für je ein Geldstück›[7]). ‹Jetzt hat man die für› jeden der beiden Gegenstände ‹ausgegebene Summe›. Mit der Zahl dessen, was man als viel und wenig[8]) erhalten hat, multipliziere die ‹Zahlen in der› Divisor- ‹und› Dividenden‹zeile›. Dann gibt es die Gesamtzahl der Gegenstände[9]).

---

[1]) Zu der jetzt beginnenden 2. Gruppe der unbestimmten Probleme (Aufg. 44—46), bei der $N > A$, also A/N keine gemischte Zahl mehr ist, s. S. 134. Das Rezept ist: $N/A = u + \text{Rest}/A$ und $x = u \cdot (A - \text{Rest})$. Dabei ist 1 nicht mehr die Preisdifferenz, sondern es gehen u teuere und $u + 1$ billige Stücke auf 1 Geldstück.
[2]) Rechnung: $7\,9949 : 1\,3970 = 5 + {}^{1\,0099}/_{1\,3970}$; also $u = 5$, $x = 5 \cdot (1\,3970 - 1\,0099) = 1\,9355$ Chu $= 1$ Chün 20 Pfund 6 Unzen 11 Chu.
[3]) Ein Maß für Federn, das nicht näher bekannt ist.
[4]) Rechnung: $2100 : 620 = 3 + {}^{240}/_{620}$; also $u = 3$, $x = 3 \cdot (620 - 240) = 1140$.

⁵) Rechnung: $5820 : 980 = 5 + {}^{920}/_{980}$; also $u = 5, x = 5 \cdot (980 - 920) =$
= 300.
⁶) Führt man die Berechnung der letzten Aufgabe auf dem Rechenbrett durch, dann liegt zuerst   5, dann   5 in der Zeile der Ganzen,
                                920   920 in der Zeile des Dividenden,
                                980   60 in der Zeile des Divisors.
⁷) T.: „Divisor wenig, Dividend viel." Zum Divisor gehört also $u = 5$, zum Dividenden $u + 1 = 6$.
⁸) Die Reihenfolge sollte sein: wenig und viel.
⁹) Die Probe gibt die Gesamtzahl der Gegenstände mit $60 \cdot 5 + 920 \cdot 6 =$
= 300 + 5520 = 5820.

Buch III

Proportionale Verteilung[1])

⟨Für⟩ proportionale Verteilungen lautet die Regel: Für jeden lege der Reihe nach die Verhältniszahlen hin; dann addiere ⟨sie⟩. Es ist der Divisor. Mit dem, was verteilt wird, multipliziere die noch nicht addierten ⟨Verhältniszahlen⟩. Jedes ⟨Produkt⟩ für sich ist ein Dividend. Teile die Dividenden durch den Divisor. ⟨Wenn⟩ die Division nicht aufgeht, benenne ihn⟨, den Restbruch,⟩ nach dem Divisor.

1. Jetzt hat man ⟨folgenden Fall⟩: Ein Tafu, ein Pukeng, ein Tsanyao, ein Shangtsao ⟨und⟩ ein Kungshi[2]) – zusammen 5 Männer – erlegten ⟨auf der⟩ Jagd gemeinsam 5 Hirsche. Man wünscht, daß man es rangmäßig verteilt[3]). Frage: Wieviel erhält jeder? Die Antwort sagt: Der Tafu erhält $1^2/_3$ Hirsch; der Pukeng erhält $1^1/_3$ Hirsch; der Tsanyao erhält 1 Hirsch; der Shangtsao erhält $^2/_3$ Hirsch; der Kungshi erhält $^1/_3$ Hirsch. Die Regel lautet: Der Reihe nach lege die Zahlenwerte dem Rang nach hin. Jeder für sich ist eine Verhältniszahl. Dann addiere ⟨sie⟩; es ist der Divisor. Mit den 5 Hirschen[4]) multipliziere die noch nicht ⟨zu den andern⟩ addierte ⟨Verhältniszahl⟩. Jedes ⟨Produkt⟩ für sich ist ein Dividend. Teile die Dividenden durch den Divisor. ⟨Es sind Teile vom⟩ Hirsch[5]).

---

[1]) T.: Ch'ui fên*; ch'ui = Ordnung, Reihe, Reihenstufe, Verhältniszahl.
[2]) Die 5 Beamtenklassen sind eingestuft mit einem Wert von 5, 4, 3, 2 und 1.
[3]) T.: mit dem Rang des nächsten.
[4]) Es wird nicht mit den 5 Hirschen, sondern mit 5, der Zahl der Hirsche, multipliziert.
[5]) T.: Shih ju fa tê i lu (1 u = Hirsch). Zu: „du erhältst 1 Hirsch" s. S. 107

2. Jetzt hat man ein Rind, ein Pferd ‹und› ein Schaf; ‹sie› weideten das Saatfeld eines Mannes ab. Der Eigentümer des Feldes verlangte dafür 5 Tou Korn ‹als Entschädigung›. Der Besitzer des Schafes sagte: Mein Schaf fraß halb soviel wie das Pferd[1]). Der Besitzer des Pferdes sagte: Mein Pferd fraß halb soviel wie das Rind. Man wünscht, daß der Ersatz dafür proportional geleistet wird. Frage: Wieviel ‹muß› jeder hergeben? Die Antwort sagt: Der Besitzer des Rindes gibt her 2 Tou $8^4/_7$ Shêng; der Besitzer des Pferdes gibt her 1 Tou $4^2/_7$ Shêng; der Besitzer des Schafes gibt her $7^1/_7$ Shêng.

Die Regel lautet: Lege hin ‹für› das Rind 4, das Pferd 2, das Schaf 1. Jedes für sich ist eine Verhältniszahl der Reihe. Dann addiere ‹sie›; ‹die Summe› ist der Divisor. Mit den 5 Tou multipliziere die noch nicht addierten ‹Verhältniszahlen›. Jedes ‹Produkt› für sich ist ein Dividend. Teile den Dividenden durch den Divisor. ‹Es sind› Tou[2]).

[1]) T.: Mein Schaf fraß ein halbes Pferd.
[2]) Rechnung: $5 \cdot 4:(4 + 2 + 1); 5 \cdot 2:7; 5 \cdot 1:7$.

3. Jetzt hat man ‹folgenden Fall›: A* hat bei sich 560 Geldstücke, B* hat bei sich 350 Geldstücke, C* hat bei sich 180 Geldstücke; zusammen ‹sind es› 3 Leute. Alle ‹drei› geben her beim Ausgang aus dem Zollhaus eine Taxe von 100 Geldstücken. Man wünscht, daß sie es hergeben entsprechend der großen ‹oder› kleinen Zahl ‹ihrer› Geldstücke. Frage: Wieviel ‹zahlt› jeder? Die Antwort sagt: A gibt her $51^{41}/_{109}$ Geldstücke; B gibt her $32^{12}/_{109}$ Geldstücke; C gibt her $16^{56}/_{109}$ Geldstücke.

Die Regel lautet: ‹Für› jeden lege hin die Zahl ‹seiner› Geldstücke; es sind die Verhältniszahlen der Reihe. Dann addiere ‹sie›. Es ist der Divisor. Mit 100 Geldstücken multipliziere die noch nicht addierten ‹Verhältniszahlen›. Jedes ‹Produkt› für sich ist ein Dividend. Teile den Dividenden durch den Divisor. ‹Es sind› Geldstücke[1]).

[1]) Rechnung: $100 \cdot 560:(560 + 350 + 180)$ usw.

4. Jetzt hat man ‹folgenden Fall›: Ein Mädchen, das gut weben kann, ‹macht an jedem› Tag das Doppelte ‹vom Tag vorher›[1]). ‹In› 5 Tagen webte es ‹ein Stück von› 5 Fuß. Frage: Wieviel wurde täglich gewebt? Die Antwort sagt: Am ersten Tag wurde gewebt $1^{19}/_{31}$ Zoll; am nächsten Tag wurde gewebt $3^7/_{31}$ Zoll;

am nächsten Tag wurde gewebt $6^{14}/_{31}$ Zoll; am nächsten Tag wurde gewebt 1 Fuß $2^{28}/_{31}$ Zoll; am nächsten Tag wurde gewebt 2 Fuß $5^{25}/_{31}$ Zoll²).

Die Regel lautet: Lege hin 1, 2, 4, 8 ‹und› 16; es sind die Verhältniszahlen der Reihe. Dann addiere ‹sie; die Summe› ist der Divisor. Mit 5 Fuß multipliziere die noch nicht addierten ‹Verhältniszahlen›; jedes ‹Produkt› für sich ist ein Dividend. Teile die Dividenden durch den Divisor. ‹Es sind› Fuß³).

¹) T.: „Tag – selbst – verdoppeln."
²) 1 Fuß = 10 Zoll = $^1/_{10}$ Klafter.
³) Rechnung: $5 \cdot 1 : (1 + 2 + 4 + 8 + 16)$; $5 \cdot 2 : 31$ usw.

5. Jetzt hat man ‹folgenden Fall›: Der Nordbezirk ‹zählt› 8758 Suan¹), der Westbezirk 7236 Suan, der Südbezirk 8356 Suan. Alle 3 Bezirke ‹müssen› zu einer Schanzarbeit 378 Mann abstellen. Man wünscht, daß ‹die Bezirke› es hergeben entsprechend der großen ‹oder› kleinen Anzahl ‹ihrer› Suan. Frage: Wieviel ‹stellt› jeder ‹Bezirk› ab? Die Antwort sagt: Der Nordbezirk schickt $135^{11687}/_{12175}$ Mann; der Westbezirk schickt $112^{4004}/_{12175}$ Mann; der Südbezirk schickt $129^{8709}/_{12175}$ Mann.

Die Regel lautet: ‹Für› jeden ‹Bezirk› lege hin die Zahl der Suan; es sind die Verhältniszahlen der Reihe. Dann addiere ‹sie; die Summe› ist der Divisor. Mit der Zahl der Leute, die zum Frondienst abgestellt werden, multipliziere die noch nicht addierten ‹Verhältniszahlen›, jedes ‹Produkt› ist für sich ein Dividend. Teile die Dividenden durch den Divisor. ‹Es sind› die Leute²).

¹) Suan ist eine Steuereinheit bestehend aus 120 Personen [2 (1); 529].
²) Rechnung: $378 \cdot 8758 : (8758 + 7236 + 8356)$ usw.

6. Jetzt hat man ‹folgenden Fall›: Eine Kornspende ‹wurde gegeben den Beamten› Tafu, Pukeng, Tsanyao, Shantsao ‹und› Kungshi. Alle 5 Leute ‹erhielten zusammen› 15 Tou. Jetzt ereignet es sich, daß 1 Mann, ‹nämlich› ein Tafu, später kommt. Auch ihm gebührt eine Spende von 5 Tou. Der Speicher war ‹aber› ohne Korn. Man wünscht, daß ‹die andern› es ‹von ihrem Anteil› hergeben entsprechend ‹ihrem Rang›¹). Frage: Wieviel ‹muß› jeder ‹hergeben›? Die Antwort sagt: Der Tafu gibt her $1^1/_4$ Tou; der Pukeng gibt her 1 Tou; der Tsanyao gibt her $^3/_4$ Tou; der Shangtsao gibt her $^2/_4$ Tou; der Kungshi gibt her $^1/_4$ Tou.

29

Die Regel lautet: ‹Für› jeden ‹Beamten› lege hin die Zahl der Hu ‹oder› Tou, die als Kornspende ‹gegeben wird›. Rangmäßig mache es richtig[2]). Dann addiere ‹es› und nimm noch dazu die 5 Tou des später gekommenen Tafu. Man erhält 20. Nimm es als Divisor. Mit 5 Tou multipliziere die noch nicht addierten ‹Verhältniszahlen›. Jedes ‹Produkt› für sich ist ein Dividend. Teile die Dividenden durch den Divisor. ‹Es sind› Tou[3]).

[1]) T.: Mit der Verhältniszahl geben sie es.
[2]) T.: Chün = gleich, fair, anpassen.
[3]) Die Verhältniszahlen sind für die 5 Beamtenklassen wieder 5, 4, 3, 2 und 1. Wegen des Zugangs eines Tafu (sein „Wert" ist 5) müssen die fehlenden Tou von den anderen aufgebracht werden, wobei auch der zweite Tafu auf denselben Teil wie der erste verzichten muß. Rechnung: Tafu: $5 \cdot 5 : (2 \cdot 5 + 4 + 3 + 2 + 1) = 1\frac{1}{4}$; Pukeng: $5 \cdot 4 : 20$ usw.

7. Jetzt hat man eine Kornspende von 5 Hu; 5 Leute teilen sie ‹unter sich›. Man wünscht es ‹so› anzuordnen, ‹daß› 3 Leute ‹je› 3, 2 Leute ‹je› 2 ‹Anteile› erhalten. Frage: Wieviel ‹erhält› jeder? Die Antwort sagt: ‹Von› 3 Leuten erhält der Mann 1 Hu 1 Tou $5\frac{5}{13}$ Shêng, ‹von› 2 Leuten erhält der Mann 7 Tou $6\frac{12}{13}$ Shêng.
Die Regel lautet: Lege hin ‹für› 3 Leute ‹pro› Mann 3, ‹für› 2 Leute ‹pro› Mann 2; es sind die Verhältniszahlen der Reihe. Dann addiere ‹es, die Summe› ist der Divisor. Mit den 5 Hu multipliziere die noch nicht addierten ‹Verhältniszahlen›; jedes ‹Produkt› für sich ist ein Dividend. Teile die Dividenden durch den Divisor. ‹Es sind› Hu[1]).

[1]) Auf dem Rechenbrett liegen jetzt die Zahlen 3, 3, 3, 2, 2. Rechnung: $5 \cdot 3 : (3 + 3 + 3 + 2 + 2) = \frac{15}{13}$ usw.

8. ‹Verteilung› nach reziproken Anteilen[1])

Die Regel lautet: Lege der Reihe nach hin die Verhältniszahlen, und es soll ‹wie immer› mit dem gegenseitigen Multiplizieren begonnen werden. Bilde, bevor du begonnen hast, die ‹reziproken› Verhältniszahlen[2]). Jetzt hat man ‹die Beamten› Tafu, Pukeng, Tsanyao, Shangtsao und Kungshi, zusammen 5 Leute. Miteinander haben sie 100 Geldstücke ausgegeben. Es soll die Bestimmung ‹gelten›, daß der Höhere im Rang weniger ausgibt im Vergleich zu dem nächst Folgenden, ‹der› mehr ‹ausgibt›. Frage: Wieviel ‹gibt› jeder ‹aus›? Die Antwort sagt: Der Tafu gibt aus $8\frac{104}{137}$ Geldstücke; der Pukeng gibt aus $10\frac{130}{137}$ Geld-

stücke; der Tsanyao gibt aus $14^{82}/_{137}$ Geldstücke; der Shangtsao gibt aus $21^{123}/_{137}$ Geldstücke; der Kungshi gibt aus $43^{109}/_{137}$ Geldstücke.
Die Regel lautet: Lege hin die Zahlenwerte des ‹jeweiligen› Ranges. Jedes für sich ist eine Verhältniszahl, aber mache sie durch Umkehrung ‹erst› richtig. Dann addiere ‹sie; die Summe› ist der Divisor. Mit den 100 Geldstücken multipliziere die noch nicht addierten ‹Verhältniszahlen›; jedes ‹Produkt› für sich ist ein Dividend. Teile die Dividenden durch den Divisor. ‹Es sind die› Geldstücke[3]).

[1]) T.: Fan ch'ui; fan = zurückgehen, umkehren.
[2]) Der Text ist knapp und dunkel; doch ist klar, was gemeint ist. Zuerst werden die Verhältniszahlen hingelegt, dann deren reziproke Werte bestimmt, auf dem Brett von der Zeile der Ganzen in die der Brüche gelegt und die Bruchsumme gebildet. Das Wort für beginnen (tung = starten, in Aktion treten) heißt auch bewegen. Vielleicht ist das Bewegen auf dem Brett gemeint.
[3]) Auf dem Brett liegt zuerst 5, 4, 3, 2, 1, dann $1/_5$, $1/_4$, $1/_3$, $1/_2$, $1/_1$, schließlich 24, 30, 40, 60, 120 mit der Summe 274. Die weitere Rechnung ist $100 \cdot {}^{24}/_{275}$ usw.

9. Jetzt hat man ‹folgenden Fall›: A hat bei sich 3 Shêng Hirse, B hat bei sich 3 Shêng geschälte Hirse, C hat bei sich 3 Shêng gekochte geschälte Hirse. Man wünscht, daß man es zusammenlegen und ‹neu› verteilen soll. Frage: Wieviel ‹erhält› jeder? Die Antwort sagt: A ‹erhält› $2^7/_{10}$ Shêng; B ‹erhält› $4^5/_{10}$ Shêng; C ‹erhält› $1^8/_{10}$ Shêng.
Die Regel lautet: Nimm die Meßzahl für Hirse 50, die Meßzahl von geschälter Hirse 30 ‹und› die Meßzahl für gekochte geschälte Hirse 75. Es sind die Verhältniszahlen, aber mache sie durch Umkehrung ‹erst› richtig. Dann addiere ‹sie; die Summe› ist der Divisor. Mit den 9 Shêng multipliziere die noch nicht addierten ‹reziproken Verhältniszahlen›; jedes ‹Produkt› für sich ist ein Dividend. Teile die Dividenden durch den Divisor. ‹Es sind› Shêng[1]).

[1]) Die 3 Shêng werden geteilt i. V. $1/_{50} : 1/_{30} : 1/_{75}$. Der Besitzer der Hirse mit der kleinsten Meßzahl erhält das meiste.

10. Jetzt hat man folgenden Fall: Der Preis von 1 Pfund Rohseide kommt auf 240 ‹Geldstücke›. Jetzt hat man 1328 Geldstücke.

Frage: Wieviel Rohseide erhält man? Die Antwort sagt: 5 Pfund 8 Unzen 12$^4/_5$ Chu.

Die Regel lautet: Nimm den Betrag des Preises von 1 Pfund als Divisor; mit 1 Pfund multipliziere die Anzahl der Geldstücke, die man jetzt hat. ‹Das Produkt› ist der Dividend. Teile den Dividenden durch den Divisor. Man erhält die Menge der Rohseide[1]).

[1]) Mit dieser Aufgabe beginnt ein neuer Abschnitt, was sich auch an dem veränderten Divisionsterminus zeigt (shih ju fa statt shih ju fa tê i; s. S. 112). Es sind Schlußrechnungen aus der Kaufmannspraxis: Preis- und Mengenberechnungen, Tausch, Verlust, Zins, ferner eine Aufgabe über den Ernteertrag und eine über das bekannte Problem der vorzeitigen Beendigung des Dienstverhältnisses. — Rechnung: 1328 · 1 : 240.

11. Jetzt hat man ‹folgenden Fall›: Der Preis von 1 Pfund Rohseide kommt auf 345 ‹Geldstücke›. Jetzt hat man 7 Unzen 12 Chu ‹Rohseide›. Frage: Wieviel Geldstücke erhält man? Die Antwort sagt: 161$^{23}/_{32}$ Geldstücke.

Die Regel lautet: Nimm die Anzahl der Chu in 1 Pfund; es ist der Divisor. Mit dem Betrag des Preises von 1 Pfund multipliziere 7 Unzen 12 Chu; es ist der Dividend. Teile den Dividenden durch den Divisor. Du erhältst die Zahl der Geldstücke[1]).

[1]) Rechnung: 345 · (7 · 24 + 12):(1 · 16 · 24). Es ist 1 Pfund = 16 Unzen = = 384 Chu (s. u. S. 140).

12. Jetzt hat man ‹folgenden Fall›: Der Preis von 1 Klafter Seidenstoff kommt auf 128 ‹Geldstücke›. Jetzt hat man 1 Rolle 9 Fuß 5 Zoll Seidenstoff. Frage: Wieviel Geldstücke erhält man ‹dafür›? Die Antwort sagt: 633$^3/_5$ Geldstücke.

Die Regel lautet: Nimm die Zahl der Zoll in 1 Klafter als Divisor. Mit der Anzahl der Geldstücke des Preises multipliziere die jetzt vorhandene Anzahl der Zoll des Seidenstoffes; ‹das Produkt› ist der Dividend. Teile den Dividenden durch den Divisor; du erhältst die Anzahl der Geldstücke[1]).

[1]) Rechnung: 128 · (400 + 90 + 5):100.
Es ist eine Rolle = 4 Klafter = 40 Fuß = 400 Zoll (s. u. S. 140).

13. Jetzt hat man einen Baumwollstoff; der Preis von 1 Rolle kommt auf 125 ‹Geldstücke›. Jetzt hat man einen Baumwollstoff

von 2 Klafter 7 Fuß. Frage: Wieviel Geldstücke erhält man
‹dafür›? Die Antwort sagt: 84³/₈ Geldstücke.
Die Regel lautet: Nimm die Anzahl der Fuß in 1 Rolle als Divisor.
Die Anzahl der Fuß des jetzt vorhandenen Baumwollstoffes multipliziere mit den Geldstücken des Preises; ‹das Produkt› ist der
Dividend. Teile den Dividenden durch den Divisor. Du erhältst
die Anzahl der Geldstücke[1]).

[1]) Rechnung: $(2 \cdot 10 + 7) \cdot 125 : 40$.

14. Jetzt hat man einfache Seide; der Preis von 1 Rolle 1 Klafter
kommt auf 625 ‹Geldstücke›. Jetzt hat man 500 Geldstücke ‹zur
Verfügung›. Frage: Wieviel einfache Seide erhält man? Die Ant-
wort sagt: Man erhält 1 Rolle einfache Seide.
Die Regel lautet: Nimm den ‹zuerst genannten› Preis als Divisor.
Mit der Anzahl der Fuß[1]) in 1 Rolle 1 Klafter multipliziere die
Menge des jetzt vorhandenen Geldes; ‹das Produkt› ist der Di-
vidend. Teile den Dividenden durch den Divisor. Du erhältst die
Menge der einfachen Seide[2]).

[1]) Es hätten Klafter genügt.
[2]) Rechnung: $(40 + 10) \cdot 500 : 625 = 40$ Fuß $= 1$ Rolle.

15. Jetzt hat man ‹folgenden Fall›: Man gibt einem Mann 14 Pfund
Rohseide. Nach Vereinbarung erhält man ‹dafür› 10 Pfund Sei-
denstoff. Jetzt gibt man dem Mann 45 Pfund 8 Unzen Rohseide.
Frage: Wieviel Seidenstoff bekommt man ‹dafür›? Die Antwort
sagt: 32 Pfund 8 Unzen.
Die Regel lautet: Nimm die Anzahl der Unzen in 14 Pfund als
Divisor. Mit 10 Pfund multipliziere die Anzahl der Unzen des
jetzt vorhandenen Seidenstoffes; ‹das Produkt› ist der Dividend.
Teile den Dividenden durch den Divisor; du erhältst die Menge
des Seidenstoffes[1]).

[1]) Rechnung: $(45 \cdot 16 + 8) \cdot 10 : (14 \cdot 16)$.

16. Jetzt hat man 1 Pfund Rohseide; der Verlust[1]) ‹beläuft sich
auf› 7 Unzen. Jetzt hat man 23 Pfund 5 Unzen Rohseide. Frage:
Wie groß ‹ist› der Verlust? Die Antwort sagt: 163 Unzen 4 Chu
‹und› ein halbes.

Die Regel lautet: Nimm 1 Pfund; verwandle ‹es› in 16 Unzen; ‹es› ist der Divisor. Mit 7 Unzen multipliziere die Anzahl der Unzen der jetzt vorhandenen Rohseide; ‹das Produkt› ist der Dividend. Teile den Dividenden durch den Divisor; du erhältst die Größe des Verlustes[2]).

[1]) Der Verlust entstand durch Austrocknen.
[2]) Rechnung: $(23 \cdot 16 + 5) \cdot 7 : 16$.

17. Jetzt hat man zuerst 30 Pfund Rohseide; man trocknet sie ‹und stellte› einen Verlust von 3 Pfund 12 Unzen ‹fest›. Jetzt hat man 12 Pfund trockener Rohseide. Frage: Wieviel Rohseide ‹war es› zuerst ‹vor dem Austrocknen›? Die Antwort sagt: 13 Pfund 11 Unzen $10^2/_7$ Chu.

Die Regel lautet: Lege hin die Anzahl der Unzen in der zuerst ‹vorhandenen› Rohseide. Ziehe die Größe des Verlustes ab; der Rest wird als Divisor genommen. ‹Mit› 30 Pfund multipliziere die Anzahl der Unzen in der ‹neuen› trockenen Rohseide; ‹das Produkt› ist der Dividend. Teile den Dividenden durch den Divisor; du erhältst die Menge der zuerst ‹vorhandenen› Rohseide[1]).

[1]) Die gegebene Rohseide wiegt nach dem Austrocknen $480 - 60 = 420$ Unzen. Die weitere Rechnung ist: $192 \cdot 30 : 420 = 13^5/_7$ Pfund.

18. Jetzt hat man ‹folgenden Fall›: Von einem Feld von 1 Mou hat man $6^2/_3$ Shêng Hirse geerntet. Jetzt hat man ein Feld von 1 Ch'ing 26 Mou 159 Pu. Frage: Wieviel Hirse hat man ‹von ihm› geerntet? Die Antwort sagt: 8 Hu 4 Tou $4^5/_{12}$ Shêng.

Die Regel lautet: Nimm ein Mou, ‹also› 240 Pu; es ist der Divisor. Mit $6^2/_3$ Shêng multipliziere den Flächeninhalt des jetzt vorhandenen Feldes in Pu. ‹Das Produkt› ist der Dividend. Teile den Dividenden durch den Divisor; du erhältst die Menge der Hirse[1]).

[1]) Berechnung: $(126 \cdot 240 + 159) \cdot 6^2/_3 : 240 = 844^5/_{12}$.

19. Jetzt hat man einen Wächter für 1 Jahr ‹um einen› Lohn von 2500 Geldstücken angestellt. Jetzt hat ‹er aber schon› vorher 1200 ‹Geldstücke› bekommen. Frage: Wieviel Tage ‹hatte er dafür› arbeiten müssen? Die Antwort sagt: $169^{23}/_{25}$ Tage.

Die Regel lautet: Nimm die Geldstücke des ‹ausgemachten› Lohnes; es ist der Divisor. Mit 1 Jahr, ‹also› 354 Tagen, multipliziere die Anzahl der früher erhaltenen Geldstücke; ‹das Produkt› ist der Dividend[1]). Teile den Dividenden durch den Divisor; man erhält die Zahl der Tage.

[1]) Berechnung: 354 · 1200 : 2500. – Das Jahr ist also ein Mondjahr mit 354 Tagen.

20. Jetzt hat man ‹folgenden Fall›: Es wurden an jemand ausgeliehen 1000 Geldstücke ‹mit einem› Monatszins ‹von› 30 ‹Geldstücken›. Jetzt hat man an einen ‹anderen› Mann 750 Geldstücke ausgeliehen. ‹Nach› 9 Tagen schickte ‹er› es zurück. Frage: Wie groß ‹war› der Zins? Die Antwort sagt: $6^3/_4$ Geldstücke.

Die Regel lautet: Mit dem Monat, ‹also› 30 Tagen, multipliziere die 1000 Geldstücke; ‹das Produkt› ist der Divisor. Mit dem Zins, den 30 ‹Geldstücken›, multipliziere die Zahl der Geldstücke, die jetzt ausgeliehen wurden; weiterhin multipliziere es mit den 9 Tagen; ‹das Produkt› ist der Dividend. Teile den Dividenden durch den Divisor; ‹es sind die› Geldstücke[1]).

[1]) Das letzte Beispiel dieser Sammlung von Schlußrechnungen ist eine „Regula de quinque":
Von 1000 Geldstücken ist der Zins in 30 Tagen 30,
Von 750 Geldstücken ist der Zins in 9 Tagen x;
Es ist x = (30 · 750 · 9) : (1000 · 30).

Buch IV

Kleinere ‹und größere› Breite[1])

Die Regel shao kuang lautet: Lege ‹auf dem Rechenbrett› hin die ganzen Schritte sowie die Nenner ‹und› Zähler der Brüche. Mit dem Nenner des kleinsten Bruches[2]) multipliziere überall sämtliche Zähler der Brüche ‹und› die ganzen Schritte. ‹Bei› jedem ‹Bruch› dividiere seinen Zähler durch seinen Nenner. Lege es nach links hin[3]). Muß man die Brüche auf einen Hauptnenner bringen, dann multipliziere immer mit den Nennern der Brüche alle Zähler der Brüche[4]); und nachdem ‹es auf› den Hauptnenner ‹gebracht wurde und› alles ‹Brüche und Ganze› auf den Hauptnenner gebracht wurde und er ‹für alle› gleich ‹wurde›, addiere es. ‹Die Summe› ist der Divisor. Lege hin die verlangte Anzahl der Pu[5]). Multipliziere sie mit der Anzahl der Teile[6]) des ganzen

Schritts. ‹Das Produkt› ist der Dividend. Teile den Dividenden durch den Divisor; das Ergebnis ist die Schritt‹zahl› der Länge.

¹) T.: Shao kuang*; shao = klein, kuang = breit. In den folgenden 11 Beispielen wird aus der Rechtecksfläche F und der Breite b die Länge a berechnet. Dabei ist immer $b = 1 + \sum_{2}^{n} 1/n$ (für n = 2 bis 12).
²) T.: Tsui hsia fên m u; tsui = sehr, hsia = klein. – Dieser 1. Teil der Regel scheint sich auf den Fall zu beziehen, daß kein Hauptnenner erst gesucht werden muß, da der Nenner des kleinsten Bruches genügt.
³) s. S. 109.
⁴) s. S. 109 f.
⁵) Das Feld soll immer 240 Pu werden.
⁶) Die „Zahl der Teile" ist gleich dem Hauptnenner.

1. Jetzt hat man ein Feld, 1 Schritt ‹und› einen halben breit. Gewünscht ‹wird› ein Feld ‹von› 1 Mou. Frage: Wie groß ‹ist seine› Länge? Die Antwort sagt: 160 Schritt.
Die Regel lautet: Unten¹) hat man ein Halbes, es ist $1/2$. Nimm 1 als 2, ein Halbes als 1. Addiere es, man erhält 3; es ist der Divisor. Lege die 240 Pu des Feldes hin. Weiterhin multipliziere es mit 1, ‹das zu› 2 geworden ist; ‹das Produkt› ist der Dividend. Teile den Dividenden durch den Divisor. Du erhältst die Schritt‹zahl› der Länge²).

2. Jetzt hat man ein Feld ‹mit› einer Breite ‹von› 1, einem halben ‹und› $1/3$ Schritt. Gewünscht ‹wird› ein Feld ‹von› 1 Mou. Frage: Wie groß ‹ist seine› Länge? Die Antwort sagt: $130^{10}/_{11}$ Schritt. Die Regel lautet: Unten hat man 3 Brüche³). Nimm 1 als 6, ein Halbes als 3, $1/3$ als 2. Addiere es, man erhält 11; es ist der Divisor. Lege die 240 des Feldes hin. Weiterhin multipliziere es mit 1, ‹das zu› 6 geworden ist; ‹das Produkt› ist der Dividend. Teile den Dividenden durch den Divisor. Du erhältst die Schritt‹zahl› der Länge⁴).

3. Jetzt hat man ein Feld ‹mit einer› Breite ‹von› 1, einem halben, $1/3$ ‹und› $1/4$ Schritt. Gewünscht wird ein Feld ‹von› 1 Mou. Frage: Wie groß ‹ist seine› Länge? Die Antwort sagt: $115^1/_5$ Schritt. Die Regel lautet: Unten hat man 4 Brüche. Nimm 1 als 12, ein Halbes als 6, $1/3$ als 4, $1/4$ als 3. Addiere es, man erhält 25; nimm ‹es› als Divisor. Lege die 240 Pu des Feldes hin. Weiterhin multipliziere sie mit 1, ‹das zu› 12 geworden ist; ‹das Produkt› ist der Dividend. Teile den Dividenden durch den Divisor. Du erhältst die Schritt‹zahl› der Länge⁵).

4. Jetzt hat man ein Feld ‹mit einer› Breite ‹von› 1, einem halben, $1/3$, $1/4$ ‹und› $1/5$ Schritt. Gewünscht wird ein Feld ‹von› 1 Mou. Frage: Wie groß ‹ist seine› Länge? Die Antwort sagt: $105^{15}/_{137}$ Schritt.

Die Regel lautet: Unten hat man 5 Brüche. Nimm 1 als 60, ein Halbes als 30, $1/3$ als 20, $1/4$ als 15, $1/5$ als 12. Addiere es, man erhält 137; nimm ‹es› als Divisor. Lege die 240 Pu des Feldes hin. Weiterhin multipliziere sie mit 1, ‹das zu› 60 geworden ist; ‹das Produkt› ist der Dividend. Teile den Dividenden durch den Divisor. Du erhältst die Schritt‹zahl› der Länge[6]).

5. Jetzt hat man ein Feld ‹mit einer› Breite ‹von› 1, einem halben, $1/3$, $1/4$, $1/5$ ‹und› $1/6$ Schritt. Gewünscht wird ein Feld ‹von› 1 Mou. Frage: Wie groß ‹ist seine› Länge? Die Antwort sagt: $97^{47}/_{49}$ Schritt.

Die Regel lautet: Unten hat man 6 Brüche. Nimm 1 als 120, ein Halbes als 60, $1/3$ als 40, $1/4$ als 30, $1/5$ als 24, $1/6$ als 20. Addiere es, man erhält 294; nimm ‹es› als Divisor. Lege die 240 Pu des Feldes hin. Weiterhin multipliziere sie mit 1, ‹das zu› 120 geworden ist; ‹das Produkt› ist der Dividend. Teile den Dividenden durch den Divisor. Du erhältst die Schritt‹zahl› der Länge[7]).

6. Jetzt hat man ein Feld ‹mit einer› Breite ‹von› 1, einem halben, $1/3$, $1/4$, $1/5$, $1/6$ ‹und› $1/7$ Schritt. Gewünscht wird ein Feld ‹von› 1 Mou. Frage: Wie groß ‹ist seine› Länge? Die Antwort sagt: $92^{68}/_{121}$ Schritt.

Die Regel lautet: Unten hat man 7 Brüche. Nimm 1 als 420, ein Halbes als 210, $1/3$ als 140, $1/4$ als 105, $1/5$ als 84, $1/6$ als 70, $1/7$ als 60. Addiere es, man erhält 1089; nimm ‹es› als Divisor. Lege die 240 Pu des Feldes hin. Weiterhin multipliziere sie mit 1, ‹das zu› 420 geworden ist; ‹das Produkt› ist der Dividend. Teile den Dividenden durch den Divisor. Du erhältst die Schritt‹zahl› der Länge[8]).

7. Jetzt hat man ein Feld ‹mit einer› Breite ‹von› 1, einem halben, $1/3$, $1/4$, $1/5$, $1/6$, $1/7$ ‹und› $1/8$ Schritt. Gewünscht wird ein Feld ‹von› 1 Mou. Frage: Wie groß ‹ist seine› Länge? Die Antwort sagt: $88^{232}/_{761}$ Schritt.

Die Regel lautet: Unten hat man 8 Brüche. Nimm 1 als 840, ein Halbes als 420, $1/3$ als 280, $1/4$ als 210, $1/5$ als 168, $1/6$ als 140, $1/7$ als 120, $1/8$ als 105. Addiere es, man erhält 2283; nimm ‹es› als Divisor. Lege die 240 Pu des Feldes hin. Weiterhin multipliziere sie mit 1, ‹das zu› 840 geworden ist; ‹das Produkt› ist der Dividend.

Teile den Dividenden durch den Divisor. Du erhältst die Schritt‹zahl› der Länge[9]).

8. Jetzt hat man ein Feld ‹mit einer› Breite ‹von› 1, einem halben, $1/3$, $1/4$, $1/5$, $1/6$, $1/7$, $1/8$ ‹und› $1/9$ Schritt. Gewünscht wird ein Feld ‹von› 1 Mou. Frage: Wie groß ‹ist seine› Länge? Die Antwort sagt: $84^{5964}/_{7129}$ Schritt.

Die Regel lautet: Unten hat man 9 Brüche. Nimm 1 als 2520, ein Halbes als 1260, $1/3$ als 840, $1/4$ als 630, $1/5$ als 504, $1/6$ als 420, $1/7$ als 360, $1/8$ als 315, $1/9$ als 280. Addiere es, man erhält 7129; nimm ‹es› als Divisor. Lege die 240 Pu des Feldes hin. Weiterhin multipliziere sie mit 1, ‹das zu› 2520 geworden ist; ‹das Produkt› ist der Dividend. Teile den Dividenden durch den Divisor. Du erhältst die Schritt‹zahl› der Länge[10]).

9. Jetzt hat man ein Feld ‹mit einer› Breite ‹von› 1, einem halben, $1/3$, $1/4$, $1/5$, $1/6$, $1/7$, $1/8$, $1/9$ ‹und› $1/10$ Schritt. Gewünscht wird ein Feld ‹von› 1 Mou. Frage: Wie groß ‹ist seine› Länge? Die Antwort sagt: $81^{6939}/_{7381}$ Schritt.

Die Regel lautet: Unten hat man 10 Brüche. Nimm 1 als 2520, ein Halbes als 1260, $1/3$ als 840, $1/4$ als 630, $1/5$ als 504, $1/6$ als 420, $1/7$ als 360, $1/8$ als 315, $1/9$ als 280, $1/10$ als 252. Addiere es, man erhält 7381; nimm ‹es› als Divisor. Lege die 240 Pu des Feldes hin. Weiterhin multipliziere sie mit 1, ‹das zu› 2520 geworden ist; ‹das Produkt› ist der Dividend. Teile den Dividenden durch den Divisor. Du erhältst die Schritt‹zahl› der Länge[11]).

10. Jetzt hat man ein Feld ‹mit einer› Breite ‹von› 1, einem halben, $1/3$, $1/4$, $1/5$, $1/6$, $1/7$, $1/8$, $1/9$, $1/10$ ‹und› $1/11$ Schritt. Gewünscht wird ein Feld ‹von› 1 Mou. Frage: Wie groß ‹ist seine› Länge? Die Antwort sagt: $79^{39631}/_{83711}$ Schritt.

Die Regel lautet: Unten hat man 11 Brüche. Nimm 1 als 2 7720, ein Halbes als 1 3860, $1/3$ als 9240, $1/4$ als 6930, $1/5$ als 5544, $1/6$ als 4620, $1/7$ als 3960, $1/8$ als 3465, $1/9$ als 3080, $1/10$ als 2772, $1/11$ als 2520. Addiere es, man erhält 8 3711; nimm ‹es› als Divisor. Lege die 240 Pu des Feldes hin. Weiterhin multipliziere sie mit 1, ‹das zu› 2 7720 geworden ist; ‹das Produkt› ist der Dividend. Teile den Dividenden durch den Divisor. Du erhältst die Schritt‹zahl› der Länge[12]).

11. Jetzt hat man ein Feld ‹mit einer› Breite ‹von› 1, einem halben, $1/3$, $1/4$, $1/5$, $1/6$, $1/7$, $1/8$, $1/9$, $1/10$, $1/11$ ‹und› $1/12$ Schritt. Gewünscht wird ein Feld ‹von› 1 Mou. Frage: Wie groß ‹ist seine› Länge? Die Antwort sagt: $77^{29183}/_{86021}$ Schritt.

Die Regel lautet: Unten hat man 12 Brüche. Nimm 1 als 8 3160, ein Halbes als 4 1580, $1/3$ als 2 7720, $1/4$ als 2 0790, $1/5$ als 1 6632, $1/6$ als 1 3860, $1/7$ als 1 1880, $1/8$ als 1 0395, $1/9$ als 9240, $1/10$ als 8316, $1/11$ als 7560, $1/12$ als 6930. Addiere es, man erhält 25 8063; nimm ⟨es⟩ als Divisor. Lege die 240 Pu des Feldes hin. Weiterhin multipliziere sie mit 1, ⟨das zu⟩ 8 3160 geworden ist; ⟨das Produkt⟩ ist der Dividend. Teile den Dividenden durch den Divisor. Du erhältst die Schritt⟨zahl⟩ der Länge[13]).

[1]) s. S. 109.
[2]) Berechnung: $240 \cdot 2 : (2 + 1)$.
[3]) 1 gilt als Bruch $1/1$.
[4]) $240 \cdot 6 : (6 + 3 + 2)$.
[5]) $240 \cdot 12 : (12 + 6 + 4 + 3)$.
[6]) $240 \cdot 60 : (60 + 30 + 20 + 15 + 12)$.
[7]) $240 \cdot 120 : (120 + 60 + 40 + 30 + 24 + 20)$;es hätte 60 als Hauptnenner genügt.
[8]) $240 \cdot 420 : (420 + 210 + 140 + 105 + 84 + 70 + 60)$.
[9]) $240 \cdot 840 : (840 + 420 + 280 + 210 + 168 + 140 + 120 + 105) = 88^{696}/_{2283} = 88^{232}/_{761}$.
[10]) $240 \cdot 2520 : (1520 + 1260 + 840 + 630 + 504 + 420 + 360 + 315 + 280) = 84^{5964}/_{7129}$.
[11]) $240 \cdot 2520 : (2520 + 1260 + 840 + 630 + 504 + 420 + 360 + 315 + 280 + 252) = 81^{6939}/_{7381}$.
[12]) $240 \cdot 2\,7720 : (2\,7720 + 1\,3860 + 9240 + 6930 + 5544 + 4620 + 3960 + 3465 + 3080 + 2772 + 2520) = 79^{3\,9631}/_{8\,3711}$.
[13]) $240 \cdot 8\,3160 : (8\,3160 + 4\,1580 + 2\,7720 + 2\,0790 + 1\,6632 + 1\,3860 + 1\,1880 + 1\,0395 + 9240 + 8316 + 7560 + 6930) = 77^{8\,7549}/_{25\,8063} = 77^{2\,9183}/_{8\,6021}$. Hier hätte 2 7720 als Hauptnenner genügt.

12. Jetzt hat man eine ⟨quadratische⟩ Fläche[1]) ⟨von⟩ 5 5225 Pu. Die Frage ist: Wie groß ist die Quadratseite? Die Antwort sagt: 235 Schritt.

13. Ferner hat man eine ⟨quadratische⟩ Fläche ⟨von⟩ 2 5281 Pu. Die Frage ist: Wie groß ist die Quadratseite? Die Antwort sagt: 159 Schritt.

14. Ferner hat man eine ⟨quadratische⟩ Fläche ⟨von⟩ 7 1824 Pu. Die Frage ist: Wie groß ist die Quadratseite? Die Antwort sagt: 268 Schritt.

15. Ferner hat man eine ⟨quadratische⟩ Fläche ⟨von⟩ 56 4752$1/4$ Pu. Die Frage ist: Wie groß ist die Quadratseite? Die Antwort sagt: 751 ⟨und⟩ einen halben Schritt.

16. Ferner hat man eine ⟨quadratische⟩ Fläche ⟨von⟩ 397215 0625 Pu. Die Frage ist: Wie groß ist die Quadratseite? Die Antwort sagt: 6 3025 Schritt.

Ausziehen der Quadratwurzel[2])

Die Regel lautet: Lege die Fläche hin als Dividenden[3]). Nimm 1 Rechenstab[4]) ‹und› schreite es ab ‹nach links, immer› 1 Stelle[5]) überspringend. Beurteile das So-tê[6]). Mit 1 ‹ausgewählten Ziffer› multipliziere das Chieh-suan[4]); ‹das Produkt› ist der Divisor[7]) und damit dividiere[8]). Nach der Division verdopple den Divisor, ‹dies› gibt den exakten Divisor[9]). ‹Für› seine nächste Division nimm den ‹exakten› Divisor ‹um eine Stelle› zurück[10]). Und unten wieder lege einen aufgenommenen Rechenstab hin ‹und› schreite es ab wie zuvor[11]). Multipliziere ihn mit 1 erneut ausgewählten ‹Ziffer›. Mit ‹diesem neuen› So-tê vergrößere[12]) dann den exakten Divisor; mit ‹der Summe› dividiere. Dann nimm das ‹neue› So-tê ‹nochmals und› ergänze damit[13]) den exakten Divisor. ‹Für› die nächste Division nimm ‹die neue Summe um einen Schritt› zurück. Fahre fort wie vorher[14]). Wenn das Ausziehen der Wurzel nicht aufgeht[15]), ist es nicht möglich ‹exakt› zu radizieren. Man soll ‹es dann› machen ‹wie› es vorher angeordnet war.

Wenn der Dividend Brüche ‹bei sich› hat, dann ist die Summe der Zähler der auf den Hauptnenner gebrachten Brüche der richtige Dividend und ziehe aus ihm die Wurzel. Schließlich ziehe die Wurzel aus seinem Nenner. Führe die Division aus[16]).

Wenn man den Nenner nicht radizieren kann, ‹dann› multipliziere den richtigen Dividenden wieder mit dem Nenner und ziehe daraus die Wurzel. Schließlich teile das Ergebnis[17]) durch den Nenner.

[1]) Chi = Anhäufung, auch von Flächen- und Raumeinheiten, also: Fläche, Volumen.
[2]) T.: K'ai fang; k'ai = öffnen. Zur „Horner"-Methode bei der Berechnung der Wurzel s. S. 113 ff.
[3]) Shih (s. S. 116.) ist jetzt der Radikand, die Radizierung ist eine Division.
[4]) Chieh i suan; chieh = nehmen, borgen (aus dem Stäbchenvorrat), i = 1, suan = rechnen, Rechenstab.
[5]) T.: Têng = Stufe, Rang. Auf den richtigen Platz gebracht, bekommt der Rechenstab den Zahlenwert „1" = 10^{2n} (n = 0, 1, 2..). Diese Zahl ist das Chieh suan.
[6]) Wörtlich: Diskutiere das, was (= so) man erhält (= tê), ‹wenn man die 1. Stelle der Wurzel sucht›.
[7]) Fa = Gesetz, Plan, Divisor.
[8]) Ch'u = wegnehmen, subtrahieren, dividieren, Division.
[9]) Ting fa; ting = ordnen, sicher, exakt.
[10]) Ch'ê = abbrechen, niederbiegen, wegnehmen.
[11]) d.h.: eine Stelle überspringend.

¹²) Chia = addieren, vergrößern.
¹³) Ts'ung = folgen, vervollständigen, zusätzlich.
¹⁴) Zur Bestimmung der 3. Ziffer.
¹⁵) T.: „nicht vollständig ist". Hierzu s. S. 113.
¹⁶) Pao ch'u; pao = informieren, erklären.
¹⁷) Ho = einschließen, addieren, das Ganze. Zu „ho ju mu êrh i = dividiere das Ganze durch den Nenner; vgl. S. 112.

17. Jetzt hat man eine ‹Kreis›fläche ‹von› $1518^3/_4$ Pu. Die Frage ist: Wie groß ist der Kreisumfang? Die Antwort sagt: 135 Schritt.
18. Ferner hat man eine ‹Kreis›fläche ‹von› 300 Pu. Die Frage ist: Wie groß ist der Kreisumfang? Die Antwort sagt: 60 Schritt.

Quadratwurzel ‹bei der› Kreis‹fläche›¹)

Die Regel lautet: Lege hin die Anzahl der Pu der ‹Kreis›fläche; mit 12 multipliziere sie. Daraus ziehe die Quadratwurzel²). Dann erhält man den Umfang³).

¹) K'ai yüan; zu yüan s. S. 14.
²) T.: Dividiere es nach der K'ai-fang‹-Regel›.
³) Aus $F = u^2/12$ folgt $u = \sqrt{12 F}$.

19. Jetzt hat man den Rauminhalt¹) ‹eines Würfels von› 186 0867 Kubikfuß. Die Frage ist: Wie groß ist die Würfelkante?²) Die Antwort sagt: 123 Fuß.
20. Jetzt hat man den Rauminhalt ‹eines Würfels von› $1953^1/_8$ Kubikfuß. Die Frage ist: Wie groß ist die Würfelseite? Die Antwort sagt: 12 Fuß ‹und› ein Halbes.
21. Jetzt hat man den Rauminhalt ‹eines Würfels von› $6\,3401^{447}/_{512}$ Kubikfuß. Die Frage ist: Wie groß ist die Würfelseite? Die Antwort sagt: $39^7/_8$ Fuß.
22. Ferner hat man den Rauminhalt ‹eines Würfels von› $193\,7541^{17}/_{27}$ Kubikfuß. Die Frage ist: Wie groß ist die Würfelseite? Die Antwort sagt: $124^2/_3$ Fuß.

Ausziehen der Kubikwurzel³)

Die Regel lautet: Lege den Rauminhalt ‹des Würfels› hin als Dividenden. Nimm 1 Rechenstab ‹und› schreite es ab ‹nach links immer› 2 Stellen überspringend. Beurteile das So-tê. Mit einer ‹ausgewählten Ziffer› multipliziere wiederholt⁴) das Chiehsuan; ‹das Produkt› ist der Divisor und dividiere es. Nach der Division verdreifache es⁵), ‹dies› gibt den exakten Divisor. ‹Für› die nächste Division nimm ‹den exakten Divisor um eine Stelle› zurück. Und unten multipliziere mit 3 den Betrag des So-tê ‹und› lege es in die mittlere Zeile[6]). Wieder liegt das Chieh-suan in der unteren Zeile. Nimm ‹die Zahlen› zurück[7]), in der mittleren ‹Zeile› 1, ‹in der› unteren 2 Stellen[8]) überspringend[9]). Von neuem lege hin eine abgeschätzte ‹Ziffer›. Mit ‹dieser› anderen ‹ausgewählten Ziffer› multipliziere die mittlere ‹Zahl›, wiederholt[10]) multipliziere die untere ‹Zahl›[11]). All dies addiere dann; ‹es ist› der ‹neue› exakte Divisor[12]). Mit dem exakten Divisor dividiere. Nach der Division verdopple ‹die Zahl› unten, addiere die mittlere ‹Zahl und› ergänze ‹damit den› exakten Divisor[13]). ‹Für› die nächste Division nimm ‹es› zurück[14]). Fahre fort wie vorher. Wenn das Ausziehen der Wurzel nicht aufgeht, ist es nicht möglich ‹exakt› zu radizieren.

Wenn ‹der Betrag des› Volumens Brüche ‹bei sich› hat, dann ist die Summe der Zähler der auf den Hauptnenner gebrachten Brüche der richtige Dividend. Aus dem richtigen Dividenden aber ziehe die Wurzel. Schließlich ziehe die Wurzel aus seinem Nenner. Damit führe die Division aus. Wenn man den Nenner nicht radizieren kann, dann multipliziere mit dem Nenner wiederholt[15]) den richtigen Dividenden und ziehe daraus die Wurzel. Schließlich teile das Ergebnis durch den Nenner.

[1]) Chi (s. S. 40). Kubikfuß und linearer Fuß haben beide den Namen Ch'ih (s. Anhang).
[2]) Li fang (li = aufrecht stehen, körperlich) = körperliche quadratische Seite.
[3]) K'ai li fang. Zur Berechnung der Kubikwurzel s. S. 117.
[4]) Wiederholt = dreimal. Ist das Volumen $(100a + 10b + c)^3$, dann wird zuerst gebildet $a^3 \cdot 1(00\,0000)$.
[5]) Gemeint ist $3 \cdot a^2 \cdot 1(00\,0000)$; „zurückgenommen" ist es dann $3 \cdot a^2 \cdot 1(0\,0000)$.
[6]) In der 2. Zeile von unten, der mittleren Zeile liegt zuerst $3a \cdot 1(00\,0000)$.
[7]) T.: Schreite es ab!
[8]) Wei = Sitz, Stellung, Rang.
[9]) In der mittleren Zeile steht jetzt $3a \cdot 1(0000)$, in der unteren $1(000)$.
[10]) Nämlich 2mal.
[11]) Mittlere Zeile: $3\,a\,b \cdot 1(0000)$, untere Zeile: $b^2 \cdot 1(000)$.
[12]) $3a^2 \cdot 1(00\,0000) + 3\,a\,b \cdot 1(0000) + b^2 \cdot 1(000)$.
[13]) Es werden addiert $2b^2 \cdot 1(000)$ und $a\,b \cdot 1(0000)$, alles zusammen gibt also $3 \cdot [a^2 \cdot 1(00\,0000) + 2\,a\,b \cdot 1(0000) + b^2 \cdot 1(000)]$.
[14]) Nach dem Zurücknehmen ist es $3 \cdot (100a + 10b)^2$. Die weitere Rechnung wird nicht ausgeführt, nämlich die Wahl einer 3. Ziffer c derart, daß mit $[3(100a + 10b)^2 + 3(100a + 10b)c + c^2]c$ die Aufgabe abschließt.
[15]) Nämlich 2mal.

23. Jetzt hat man den Rauminhalt ‹einer Kugel von› 4500 Kubikfuß. Die Frage ist: Wie groß ist der Durchmesser[1]) der Kugel[2])? Die Antwort sagt: 20 Fuß.

24. Ferner hat man den Rauminhalt ‹einer Kugel von› 1 6448 6643 7500 Kubikfuß. Die Frage ist: Wie groß ist der Durchmesser der Kugel? Die Antwort sagt: 1 4300 Fuß.

Wurzelziehen ‹bei der› Kugel[3])

Die Regel lautet: Lege hin die Anzahl der Kubikfuß des Rauminhalts ‹der Kugel›; mit 16 multipliziere es. Dividiere durch 9. Aus dem, was man erhalten hat, ziehe die Kubikwurzel[4]), dann ist es der Durchmesser der Kugel[5]).

[1]) Ching = Durchmesser, Ringbreite.
[2]) Li yüan = körperlich Rundes, Kugel.
[3]) K'ai li yüan.
[4]) Wörtlich: Nach der K'ai-li-fang‹-Regel› dividiere es.
[5]) Wan = Pille, Ball, Kugel. — Zur Rechnung s. S. 137 f.

Buch V

Beurteilung der Arbeitsleistung[1])

1. Jetzt hat man Erde ausgehoben; der Rauminhalt ‹war› 1 0000 Kubikfuß. Die Frage ist: Wieviel ‹gibt dies› an festgestampfter ‹und› aufgelockerter Erde, jedes für sich? Die Antwort sagt: Es sind an gestampfter Erde 7500 Kubikfuß. Es sind an aufgelockerter Erde 1 2500 Kubikfuß.

Die Regel lautet: ‹Rechnet man für die› ausgehobene Erde 4, ‹dann› ist es ‹an› lockerer Erde 5, es ist ‹an› fester Erde 3, es ist ‹an› gewöhnlicher Erde 4[2]). Nimm ‹den Inhalt› der ausgehobenen Erde; ist lockere Erde gesucht, multipliziere es mit 5, ist feste Erde gesucht, multipliziere es mit 3, jedesmal dividiere durch 4. Nimm ‹den Inhalt› der aufgelockerten Erde; ist ausgehobene Erde gesucht, multipliziere es mit 4, ist feste Erde gesucht, multipliziere es mit 3, jedesmal dividiere durch 5. Nimm ‹den Inhalt› der festen Erde; ist ausgehobene Erde gesucht, multipliziere es mit 4, ist lockere Erde gesucht, multipliziere es mit 5, jedesmal dividiere

durch 3. ‹Für› Wälle, Wände, Dämme, Wassergräben, Festungsgräben ‹und› Kanäle ‹gilt› immer die gleiche Regel.
Die Regel lautet: Addiere die obere ‹und› untere Breite und halbiere es. Mit der Höhe oder Tiefe multipliziere es; ebenfalls multipliziere es mit der Länge[3]), dann ‹ist es› der Rauminhalt ‹in› Kubikfuß[4]).

[1]) T.: Shang kung*; shang = Handel, Kaufmann, diskutieren; kung = Arbeit, Arbeitserfolg. – Es werden Volumina regelmäßiger Körper berechnet, dabei vielfach auch die Zahl der für den Erdaushub und Transport benötigten Leute.

[2]) Die Volumina von gewöhnlicher (= ausgehobener), aufgelockerter und festgestampfter Erde verhalten sich wie 4:5:3, wobei dieselbe ausgehobene Erdmenge einmal aufgelockert, das andere Mal festgestampft gedacht ist.

[3]) Die Fachwörter der linearen Abmessungen der Körper sind: mou = Länge, kao = Höhe, shên = Tiefe. Die Breite ist – wie bei den ebenen Figuren – kuang.

[4]) Es sind waagrecht liegende Prismen mit Trapezbasis; der Inhalt ist
$$V = \frac{b_1 + b_2}{2} \cdot h \cdot a \text{ (Fig. 8); bei Dämmen usw. ist } b_2 > b_1, \text{ bei Gräben } b_1 > b_2.$$

Aufg. 2-7

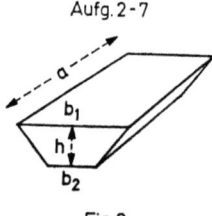

Fig. 8

2. Jetzt hat man einen Wall. Die untere Breite ‹ist› 4 Klafter, die obere Breite 2 Klafter, die Höhe 5 Klafter, die Länge 126 Klafter 5 Fuß. Frage: Wie groß ‹ist› das Volumen? Die Antwort sagt: 189 7500 Kubikfuß[1]).

3. Jetzt hat man eine Wand. Die untere Breite ‹ist› 3 Fuß, die obere Breite 2 Fuß, die Höhe 1 Klafter 2 Fuß, die Länge 22 Klafter 5 Fuß 8 Zoll. Frage: Wie groß ‹ist› das Volumen? Die Antwort sagt: 6774 Kubikfuß.

4. Jetzt hat man einen Damm. Die untere Breite ‹ist› 2 Klafter, die obere Breite 8 Fuß, die Höhe 4 Fuß, die Länge 12 Klafter 7 Fuß. Frage: Wie groß ‹ist› das Volumen? Die Antwort sagt:

7112 Kubikfuß²). Bei einer Beschäftigung im Winter ‹ist› die Arbeitsleistung eines Mannes 444 Kubikfuß. Frage: Wie groß ‹ist› der benötigte Arbeitstrupp? Die Antwort sagt: $16^2/_{111}$ Mann. Die Regel lautet: Nimm die Kubikfuß des Volumens als Dividenden. Die Anzahl der Kubikfuß bei einer Arbeitsleistung ist der Divisor. Teile den Dividenden durch den Divisor; dann ‹gibt es› die Zahl der Leute des benötigten Arbeitstrupps.

5. Jetzt hat man einen Wassergraben. Die obere Breite ‹ist› 1 Klafter 5 Fuß, die untere Breite 1 Klafter, die Tiefe 5 Fuß, die Länge 7 Klafter. Frage: Wie groß ‹ist› das Volumen? Die Antwort sagt: 4375 Kubikfuß. Bei einer Beschäftigung im Frühjahr ‹ist› die Leistung eines Mannes 766 Kubikfuß. Zusammen schafften sie ‹aber nur› heraus $4/_5$ der ‹vorgeschriebenen› Erdarbeit³); die wirkliche Arbeitsleistung ‹war also› $612^4/_5$ Kubikfuß. Frage: Wie groß ‹war› der benötigte Arbeitstrupp? Die Antwort sagt: $7^{427}/_{3064}$ Mann.

Die Regel lautet: Lege hin die ursprünglich ‹vorgesehene› Leistung eines Mannes; hiervon geht ab $1/_5$⁴). Der Rest⁵) ist der Divisor. Nimm die Kubikfuß des Volumens des Grabens als Dividenden. Teile den Dividenden durch den Divisor; du erhältst die Zahl der Leute des benötigten Arbeitstrupps⁶).

6. Jetzt hat man einen Festungsgraben. Die obere Breite ‹ist› 1 Klafter 6 Fuß 3 Zoll, die untere Breite 1 Klafter, die Tiefe 6 Fuß 3 Zoll, die Länge 13 Klafter 2 Fuß 1 Zoll. Frage: Wie groß ‹ist› das Volumen? Die Antwort sagt: 1 0943 Kubikfuß 8 „Zoll". ‹Bei einer› Beschäftigung im Sommer ‹ist› die Leistung eines Mannes 871 Kubikfuß. Zusammen schafften sie $1/_5$ der ‹vorgeschriebenen› Erdarbeit ‹weniger› heraus. Von der Leistung an Sand, Kies, Wasser ‹und› Steinen ‹waren bereits› $2/_3$ geleistet. Die wirkliche Leistung ‹war also› $232^4/_{15}$ Kubikfuß. Frage: Wie groß ‹ist der noch› benötigte Arbeitstrupp? Die Antwort sagt: $47^{409}/_{3484}$ Mann.

Die Regel lautet: Lege hin die ursprünglich ‹vorgesehene› Leistung eines Mannes; davon geht ab $1/_5$ der ‹vorgeschriebenen› Erdarbeit. Ferner geht ab $2/_3$ ‹als bereits fertige› Leistung an Sand, Kies, Wasser ‹und› Steinen. Der Rest ist der Divisor. Nimm die Kubikfuß des Grabenvolumens als Dividenden. Teile den Dividenden durch den Divisor; dann ‹ist es› die Zahl der Leute des benötigten Arbeitstrupps⁷).

7. Jetzt hat man einen Kanal ausgegraben; die obere Breite ‹ist› 1 Klafter 8 Fuß, die untere Breite 3 Fuß 6 Zoll, die Tiefe 1 Klafter

8 Fuß, die Länge 51824 Fuß. Frage: Wie groß ⟨ist das⟩ Volumen? Die Antwort sagt: 1007 4585 Kubikfuß 6 „Zoll"[8]). Bei einer Beschäftigung im Herbst ⟨ist⟩ die Leistung eines Mannes 300 Kubikfuß. Frage: Wie groß ⟨ist⟩ der benötigte Arbeitstrupp? Die Antwort sagt: 3 3582 Leute. Bei ⟨deren⟩ Leistung fehlten[9]) 14 Kubikfuß 4 „Zoll". ⟨Wenn⟩ 1000 Mann vorher gekommen ⟨wären, ist⟩ die Frage: welche Länge ⟨hätte von ihnen⟩ ausgegraben werden müssen? Die Antwort sagt: 154 Klafter 3 Fuß $2^8/_{81}$ Zoll.

Die Regel lautet: Mit der Zahl der Kubikfuß, der Leistung eines Mannes multipliziere die Zahl der früher gekommenen Leute; ⟨das Produkt⟩ ist der Dividend. Addiere die untere ⟨und⟩ obere Breite des Kanals und halbiere es; mit der Tiefe multipliziere es. ⟨Das Produkt⟩ ist der Divisor. Teile den Dividenden durch den Divisor. Du bekommst die Fuß der Länge[10]).

[1]) T.: Fuß. Zur Bezeichnung der Raummaße dienen die Namen der Längenmaße (s. Anhang). In der Übersetzung werden Raum- und Längenmaße unterschieden.
[2]) Die für die 4 Jahreszeiten unterschiedlich festgesetzten Arbeitsnormen sind 444, 766, 871 und 300 Kubikfuß. — Rechnung: 7112 : 444.
[3]) Die Arbeiter konnten offenbar ihre Norm nicht erfüllen.
[4]) T.: „Es geht ab (ch'ü = weggehen) sein $1/_5$".
[5]) Yü = Überschuß, Zahlenergänzung, Rest.
[6]) Das Volumen errechnet sich nach der Formel zu 4375 Kubikfuß. Die Zahl der Leute ist dann $4375:(766 \cdot 4/_5) = 7^{427}/_{3084}$.
[7]) Das Volumen gibt 1 0943 Kubikfuß und $824^{1}/_{2}$ Kubikzoll, im Text steht dagegen nur 8 „Zoll". Dies können also keine Kubikzoll sein. Entweder muß man ein Schichtmaß (ein solches kommt bei den Ägyptern und Babyloniern vor) annehmen, nämlich einen Quader mit der Basis 1 Quadratfuß und der Höhe 1 Zoll, oder 1 Ts'un = „Zoll" ist wie beim Längenmaß $1/_{10}$ des Kubikfußes. Die Zahl der Leute ist $1 0943^8/_{10}:(871 \cdot 4/_5 \cdot 1/_3) = 47^{409}/_{3484}$.
[8]) Auch hier ist 6 Ts'un = $6/_{10}$ Kubikfuß.
[9]) Die Zahl der Leute ($3 3581^{952}/_{1000}$) wird um $48/_{1000}$ aufgerundet. Diese $48/_{1000}$ Mann hätten noch $48/_{1000} \cdot 300$ Kubikfuß = 14,4 Kubikfuß leisten können. Dies wird als Fehlbetrag von 14 Kubikfuß 4 „Zoll" genannt.
[10]) Rechnung: $(300 \cdot 1000):[(18 + 3^6/_{10})/2 \cdot 18]$.

8. Jetzt hat man einen Quader ⟨mit⟩ quadratischer ⟨Basis⟩[1]). Die Quadratseite ist 1 Klafter 6 Fuß, die Höhe 1 Klafter 5 Fuß. Frage: Wie groß ⟨ist⟩ das Volumen? Die Antwort sagt: 3840 Kubikfuß.

Die Regel lautet: Die Quadratseite wird mit sich selbst multipliziert. Mit der Höhe multipliziere es; dann ‹erhält man› die Kubikfuß des Volumens.

9. Jetzt hat man einen Zylinder[2]), der Umfang ‹ist› 4 Klafter 8 Fuß, die Höhe 1 Klafter 1 Fuß. Frage: Wie groß ‹ist› das Volumen? Die Antwort sagt: 2112 Kubikfuß.

Die Regel lautet: Der Umfang wird mit sich selbst multipliziert; multipliziere es mit der Höhe ‹und› dividiere durch 12[3]).

[1]) Fang pao tao (pao = Erdwerk; tao = Hügel, Erdhaufen) ist ein Quader mit quadratischer Basis. Eine Seitenfläche ist hier 1 Mou; vgl. [2 (1); 548].
[2]) Yüan pao tao = rundes Pao-Tao.
[3]) $u^2 / 12 \cdot h$ oder $(u^2 \cdot h) / 12$.

10. Jetzt hat man einen quadratischen Pyramidenstumpf[1]). Die untere Quadratseite ‹ist› 5 Klafter, die obere Quadratseite 4 Klafter, die Höhe 5 Klafter. Frage: Wie groß ‹ist› das Volumen? Die Antwort sagt: 10 1666$^2/_3$ Kubikfuß.

Die Regel lautet: Die obere ‹und› untere Quadratseite wird miteinander multipliziert; ferner wird jede ‹mit sich› selbst multipliziert. Addiere es ‹und› multipliziere es mit der Höhe. Dividiere durch 3[2]).

11. Jetzt hat man einen Kegelstumpf[3]). Der untere Umfang ‹ist› 3 Klafter, der obere Umfang 2 Klafter, die Höhe 1 Klafter. Frage: Wie groß ‹ist› das Volumen? Die Antwort sagt: 527$^7/_9$ Kubikfuß.

Die Regel lautet: Oberer ‹und› unterer Umfang werden miteinander multipliziert; ferner wird jeder ‹mit sich› selbst multipliziert. Addiere es ‹und› multipliziere es mit der Höhe. Dividiere durch 36[4]).

[1]) Fang t'ing; t'ing = Laube, Hütte, Kiosk.
[2]) Rechnung: $(5 \cdot 4 + 5^2 + 4^2) \cdot 5:3$.
[3]) Yüan t'ing = rundes T'ing.
[4]) $[(30 \cdot 20 + 30^2 + 20^2) \cdot 10] : 36 = 527^{28}/_{36} = 527^7/_9$.

12. Jetzt hat man eine quadratische Pyramide[1]). Unten ist die Quadratseite 2 Klafter 7 Fuß, die Höhe ‹ist› 2 Klafter 9 Fuß. Frage: Wie groß ‹ist› das Volumen? Die Antwort sagt: 7047 Kubikfuß.

Die Regel lautet: Die Quadratseite unten wird ‹mit sich› selbst multipliziert; mit der Höhe multipliziere es ⟨und⟩ dividiere durch 3.[2])

13. Jetzt hat man einen Kegel[3]). Der Umfang unten ⟨ist⟩ 3 Klafter 5 Fuß, die Höhe ⟨ist⟩ 5 Klafter 1 Fuß. Frage: Wie groß ⟨ist⟩ das Volumen? Die Antwort sagt: $1735^5/_{12}$ Kubikfuß.

Die Regel lautet: Der Umfang unten wird ⟨mit sich⟩ selbst multipliziert; mit der Höhe multipliziere es ⟨und⟩ dividiere durch 36[4]).

[1]) Fang chui; chui = Spitzkörper, Ahle.
[2]) Rechnung: $(27^2 \cdot 29) : 3$.
[3]) Yüan chui = rundes Chui.
[4]) Rechnung: $(35^2 \cdot 51) : 36$.

14. Jetzt hat man einen halben Quader[1]). Unten ⟨ist⟩ die Breite 2 Klafter, die Länge 18 Klafter 6 Fuß, die Höhe ⟨ist⟩ 2 Klafter 5 Fuß. Frage: Wie groß ⟨ist⟩ das Volumen? Die Antwort sagt: 4 6500 Kubikfuß.

Die Regel lautet: Breite ⟨und⟩ Länge werden miteinander multipliziert; mit der Höhe multipliziere es ⟨und⟩ dividiere durch 2[2]).

15. Jetzt hat man ⟨eine Pyramide⟩ Yang-Ma[3]). Die Breite ⟨ist⟩ 5 Fuß, die Länge 7 Fuß, die Höhe 8 Fuß. Frage: Wie groß ⟨ist⟩ das Volumen? Die Antwort sagt: $93^1/_3$ Kubikfuß.

Die Regel lautet: Breite ⟨und⟩ Länge werden miteinander multipliziert. Multipliziere es mit der Höhe ⟨und⟩ dividiere durch 3.

16. Jetzt hat man ein Pieh-Nao[4]). Unten ⟨ist⟩ die Breite 5 Fuß, ⟨es gibt unten⟩ keine Länge. Oben ⟨ist⟩ die Länge 4 Fuß, ⟨es gibt oben⟩ keine Breite. Die Höhe ⟨ist⟩ 7 Fuß. Frage: Wie groß ⟨ist⟩ das Volumen? Die Antwort sagt: $23^1/_3$ Kubikfuß.

Die Regel lautet: Breite ⟨und⟩ Länge werden miteinander multipliziert. Multipliziere es mit der Höhe ⟨und⟩ dividiere durch 6.

[1]) Ch'ien tu; ch'ien = Graben, tu = versperren, abschneiden. Der Quader (Fig. 9) ist in der Diagonalebene „abgeschnitten".
[2]) Formel: $a \cdot b \cdot h : 2$.
[3]) Yang = Sonne, hell, männlich; ma = Pferd. Verbindet man in dem halben Quader (Fig. 9) A und D mit E, dann entsteht die Pyramide $\overline{ABCD}$ E = abh/3. Der Restkörper $\overline{ADF}$ E ist das Pieh-Nao der nächsten Aufgabe (Fig. 10).
[4]) Pieh = Schildkröte; nao = Schulterblatt (die obere Länge?). Der Körper ist eine Pyramide mit der Basis ADF und der Höhe FE; Das Volumen $bh/2 \cdot a/3$ gibt zusammen mit dem Yang-Ma wieder den halben Quader abh/2.

Aufg. 14   Aufg. 15 u. 16

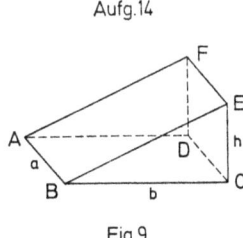 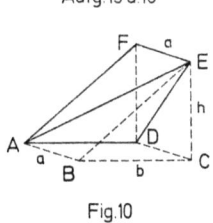

Fig. 9   Fig. 10

17. Jetzt hat man einen Keil[1]). Die untere Breite ‹ist› 6 Fuß, die obere Breite 1 Klafter, die Tiefe 3 Fuß. Die Breite am Ende ‹ist› 8 Fuß, ‹es gibt am Ende› keine Tiefe; die Länge ‹ist› 7 Fuß. Frage: Wie groß ‹ist› das Volumen? Die Antwort sagt: 84 Kubikfuß.

Die Regel lautet: Addiere die 3 Breiten; mit der Tiefe multipliziere es. Ferner multipliziere es mit der Länge ‹und› dividiere durch 6.

18. Jetzt hat man ein Dach[2]). Unten ‹ist› die Breite 3 Klafter, die Länge 4 Klafter. Oben ‹ist› die Länge 2 Klafter, ‹es gibt oben› keine Breite. Die Höhe ‹ist› 1 Klafter. Frage: Wie groß ‹ist› das Volumen? Die Antwort sagt: 5000 Kubikfuß.

Die Regel lautet: Verdopple die untere Länge; addiere dazu die obere Länge[3]) ‹und› multipliziere es mit der Breite. Ferner multipliziere es mit der Höhe ‹und› dividiere durch 6.

[1]) Hsien ch'u; hsien = Überschuß, ch'u = wegtun, subtrahieren. Der Keil mit der Trapezbasis (Fig. 11) zerfällt in die 2 Pyramiden $\overline{ABCD}\ F = \frac{(b_1 + b_2)}{2} \cdot \frac{ah}{3}$ und $\overline{CEF}\ B = \frac{c \cdot a}{2} \cdot \frac{h}{3}$. Die Summe ist $(b_1 + b_2 + c) \cdot a \cdot h : 6$.

Aufg. 17   Aufg. 18

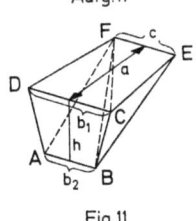 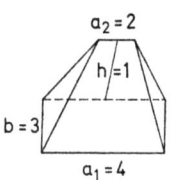

Fig. 11   Fig. 12

[2]) Ch'u mêng; ch'u = Gras schneiden, Heu, mêng = Dachsparren. Der Körper (Fig. 12) ist ein Spezialfall des Keiles (Rechteck statt Trapez). Das Volumen ist $[(2a_1 + a_2) \cdot b \cdot h] : 6$. Legt man an die

49

senkrechte Wand denselben Körper an (vgl. S. 137), dann entsteht ein symmetrisches Dach mit der gleichen Inhaltsformel.
³) Die obere Länge vervollständigt (ts'ung) es.

‹Die Obelisken› Ch'u-T'ung, Ch'ü-Ch'ih, P'an-Ch'ih ‹und› Ming-Ku¹) ‹haben› alle die gleiche Regel.
Die Regel lautet: Verdoppele die obere Länge; addiere dazu die untere Länge. Dann verdoppele die untere Länge; addiere dazu die obere Länge. Jede ‹der beiden Summen› multipliziere mit ihrer ‹zugehörigen›²) Breite. Addiere. Mit der Höhe oder Tiefe multipliziere es ‹und› dividiere alles durch 6.

‹Ist› dies ein Ch'ü-Ch'ih, ‹dann› addiere den oberen inneren³) ‹und› äußeren Umfang und halbiere es; nimm es als obere Länge. Ferner addiere den unteren inneren³) ‹und› äußeren Umfang und halbiere es; nimm es als untere Länge⁴).

19. Jetzt hat man ein Ch'u-T'ung. Unten ‹ist› die Breite 2 Klafter, die Länge 3 Klafter; oben ‹ist› die Breite 3 Klafter, die Länge 4 Klafter. Die Höhe ‹ist› 3 Klafter. Frage: Wie groß ‹ist› das Volumen? Die Antwort sagt: 2 6500 Kubikfuß⁵).

¹) Ch'u t'ung; ch'u wie in der Aufgabe 17, t'ung = überhängend. Ch'ü ch'ih; ch'ü = falsch, klein, ch'ih = Zisterne, Teich. P'an ch'ih; p'an = Platte, Gefäß; der Körper ist wohl ein Bassin. Ming ku; ming = dunkel, tief, ku = Tal, hohl.
Der 1., 3. und 4. der genannten Körper ist ein Obelisk mit rechteckigen Grundflächen (a_1 b_1 und a_2 b_2) und der Höhe h (Fig. 13). Das Volumen ist $[(2a_1 + a_2) \cdot b_1 + (2a_2 + a_1) \cdot b_2] \cdot h : 6$. Zur Herleitung der Formel s. S. 136.
²) b_1 gehört zu $2a_1$ und b_2 zu $2a_2$.
³) T.: „mittleren".
⁴) Es ist ein ausgehöhlter Kegelstumpf (Fig. 14), der aufgeschnitten und zu einem Obelisk geformt gedacht ist. Die Längen der Rechtecke sind $(u_1 + u_2) : 2$ und $(u_3 + u_4) : 2$. Die Breiten b_1 und b_2 wurden in der Regel nicht erwähnt; sie sind durch die Umfänge bestimmt.
⁵) Volumen = $[(2 \cdot 30 + 40) \cdot 20 + (2 \cdot 40 + 30) \cdot 30] \cdot 30 : 6 = 2 6500$ Kubikfuß.

Obelisk (Aufg.19, 21, 22)   Hohlkegelstumpf (Aufg. 20)

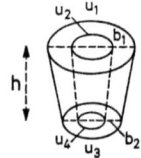

Fig.13   Fig.14

20. Jetzt hat man ein Ch'ü-Ch'ih. Oben ‹ist› der innere Umfang 2 Klafter, der äußere Umfang 4 Klafter, die Breite 1 Klafter. Unten ‹ist› der innere Umfang 1 Klafter 4 Fuß, der äußere Umfang 2 Klafter 4 Fuß, die Breite 5 Fuß, die Tiefe 1 Klafter. Frage: Wie groß ‹ist› das Volumen? Die Antwort sagt: 1883 Kubikfuß $3^1/_3$ Zoll[1]).

21. Jetzt hat man ein P'an-Ch'ih. Oben ‹ist› die Breite 6 Klafter, die Länge 8 Klafter; unten ‹ist› die Breite 4 Klafter, die Länge 6 Klafter; die Tiefe ‹ist› 2 Klafter. Frage: Wie groß ‹ist› das Volumen? Die Antwort sagt: 7 $0666^2/_3$ Kubikfuß[2]).

Hergetragen wird die Erde ‹aus› einer Entfernung von 70 Schritt; Von diesen ‹gehen› 20 Schritt hinauf und herunter[3]). Hinauf und herunter 2 gelten das gleiche ‹wie› auf ‹ebenem› Weg 5. Ein möglicher Zwischenfall verzögert es[4]); ‹deshalb› wird auf ‹je› 10 ‹Schritt› der Strecke 1 ‹Schritt› dazugezählt. Man transportiert es[5]) ‹auf› eine Strecke ‹von› 30 Schritt. Der wirkliche ‹Weg› einmal ‹hin und› zurück ‹ist› 140 Schritt. Der Inhalt eines Korbes ‹mit› Erde ‹ist› 1 Kubikfuß 6 „Zoll". Die ‹vorgeschriebene› Leistung eines Mannes bei einer Beschäftigung im Herbst ‹ist› ein Weg von 59 und einer halben Meile. Frage: Wie groß ‹ist› beides[6]), das Volumen in Kubikfuß, ‹auf das› der Mann kommt, sowie der benötigte Arbeitstrupp? Die Antwort sagt: Der Mann kommt auf 204 Kubikfuß. Der benötigte Arbeitstrupp ‹ist› $346^{62}/_{153}$ Mann.

Die Regel lautet: Mit den Kubikfuß des Inhalts von 1 Korb multipliziere die Schrittzahl des zu leistenden Weges; ‹das Produkt› ist der Dividend. Eine Strecke von 2 ‹Schritt› hinauf und hinunter gelten das gleiche ‹wie› 5 auf ‹ebenem› Weg. Lege hin die Schrittzahl der wirklichen Entfernung, nimm auf ‹je› 10 ‹Schritt› 1 ‹Schritt› dazu sowie die Entfernung von 30 Schritt, auf die der Transport erfolgt; nimm es als Divisor. Dividiere es! Das was man erhält, ‹ist› dann ‹die Zahl› der Kubikfuß, auf die 1 Mann kommt. Dividiere[7]) die Kubikfuß des ‹P'an-Ch'ih›-Volumens durch das, auf was ‹ein Mann› kommt! Dann ‹ist es› die Zahl der Leute des benötigten Arbeitstrupps[8]).

---

[1]) Die Ringbreiten sind überbestimmt. Aus den Umfängen ergibt sich für sie $^{10}/_3$ und $^5/_3$ Fuß. Die richtige Lösung ist $1883^1/_3 : 3 = 627^7/_9$, was einfacher durch die Differenz der beiden Kegelstumpfe zu berechnen ist.

[2]) Volumen $= [(2 \cdot 8 + 6) \cdot 6 + (2 \cdot 6 + 8) \cdot 4] \cdot 2 : 6$ Kubikklafter. Da der Körper nach unten schmäler wird, denkt man an eine Grube. Dies paßt aber nicht zu dem im folgenden beschriebenen Erdtransport.

³) Nach „oben" und „unten" folgt im Text noch p'êng ch'u (p'êng = Hütte, Gebäude; ch'u = Stufe?). Vielleicht erfolgt der Transport über Stufen; von einem Berg kann bei der geringen Schrittzahl keine Rede sein.
⁴) Der Text spricht von einer „verzögernden Schwierigkeit".
⁵) Dies ist unklar; wenn der Korb zuerst auf dem Rücken getragen wird, ist bei der kurzen Entfernung ein Umladen auf einen Karren unwahrscheinlich. Die dem Arbeiter angerechnete Entfernung von 140 Schritt setzt sich so zusammen: 50 + 50 (statt der 20) + 10 (wegen des Zwischenfalles) + 30 = 140.
⁶) T.: jedes.
⁷) T.: Yo = vergleichen (s. S. 8).
⁸) Die Arbeitsnorm ist 1 7850 Schritt (= $59^1/_2$ Meilen) mit $1^3/_5$ Kubikfuß Erde; dies entspricht 140 Schritt mit 204 Kubikfuß Erde.
Für die 7 0666²/₃ Kubikfuß sind also nötig 7 0666²/₃ : 204 Mann.

22. Jetzt hat man ein Ming-Ku. Oben ⟨ist⟩ die Breite 2 Klafter, die Länge 7 Klafter; unten ⟨ist⟩ die Breite 8 Fuß, die Länge 4 Klafter, Die Tiefe ⟨ist⟩ 6 Klafter 5 Fuß. Frage: Wie groß ⟨ist⟩ das Volumen? Die Antwort sagt: 5 2000 Kubikfuß¹).
Hergebracht wird die Erde ⟨aus⟩ einer Entfernung von 200 Schritt; man belädt sie ⟨und⟩ transportiert sie ⟨auf⟩ eine Strecke von 1 Meile. Die ⟨vorgeschriebene⟩ Leistung ⟨ist⟩ ein Weg von 58 Meilen; 6 Mann ⟨arbeiten⟩ zusammen ⟨an⟩ einer Fuhre; eine Fuhre transportiert 34 Kubikfuß 7 „Zoll". Frage: Wie groß ist beides, das Volumen in Kubikfuß, ⟨auf das⟩ ein Mann kommt, sowie der benötigte Arbeitstrupp? Die Antwort sagt: Der Mann kommt auf $201^{13}/_{50}$ Kubikfuß. Der benötigte Arbeitstrupp ⟨ist⟩ $258^{3746}/_{10063}$ Mann.
Die Regel lautet: Mit dem Volumen in Kubikfuß von 1 Fuhre multipliziere die Schrittzahl des zu leistenden Weges; es ist der Dividend. Lege jetzt hin die Schrittzahl der Entfernung, nimm dazu die 1 Meile der Strecke, über die man transportiert. Mit den 6 Leuten ⟨an⟩ der Fuhre multipliziere es; es ist der Divisor. Dividiere es. Das, was man erhält, ⟨ist⟩ dann ⟨die Zahl⟩ der Kubikfuß, auf die ein Mann kommt. Dividiere die Kubikfuß des ⟨Ming-Ku⟩-Volumens durch das, auf was ⟨ein Mann⟩ kommt. Dann ⟨ist⟩ es die Zahl der Leute des benötigten Arbeitstrupps²).

¹) Rechnung: [(2 · 70 + 40) · 20 + (2 · 40 + 70) · 8] · 65 : 6 = 5 2000.
²) Rechnung: $[34^7/_{10} · (58 · 300)] : [6 · (200 + 300)]$; dann:
52 000 : $201^{13}/_{50} = 258^{3746}/_{10063}$.

23. Jetzt hat man Hirse gespeichert ⟨auf⟩ ebener Erde. Unten ⟨ist⟩ der Umfang 12 Klafter; die Höhe ⟨ist⟩ 2 Klafter. Frage: Wie groß

⟨ist⟩ das Volumen und ⟨wieviel⟩ Hirse ist es? Die Antwort sagt: Das Volumen ⟨ist⟩ 8000 Kubikfuß. Es ist ⟨an⟩ Hirse 2962$^{26}/_{27}$ „Hu"¹).

24. Jetzt hat man nahe der Wand Bohnen gespeichert. Unten ⟨ist⟩ der Umfang 3 Klafter; die Höhe ⟨ist⟩ 7 Fuß. Frage: Wie groß ⟨ist⟩ beides, das Volumen und ⟨wieviel⟩ Bohnen sind es? Die Antwort sagt: Das Volumen ⟨ist⟩ 350 Kubikfuß. Es sind ⟨an⟩ Bohnen 144$^{8}/_{243}$ „Hu"²).

25. Jetzt hat man nahe der Wand in der Ecke Reis gespeichert Unten ⟨ist⟩ der Umfang 8 Fuß; die Höhe ⟨ist⟩ 5 Fuß. Frage: Wie groß ⟨ist⟩ das Volumen und ⟨wieviel⟩ Reis ist es? Die Antwort sagt: Das Volumen ⟨ist⟩ 35$^{5}/_{9}$ Kubikfuß. Es sind ⟨an⟩ Reis 21$^{691}/_{729}$ „Hu"³).

Kornhaufen⁴)

Die Regel lautet: Der untere Umfang wird mit sich selbst multipliziert; mit der Höhe multipliziere es ⟨und⟩ dividiere durch 36. ⟨Ist⟩ es nahe der Wand, dividiere durch 18; ⟨ist⟩ es nahe der Wand in der Ecke, dividiere durch 9. Das Standard⟨volumen⟩⁵) ⟨für⟩ 1 „Hu" Hirse ⟨ist⟩ ein Volumen ⟨von⟩ 2 Kubikfuß 7 „Zoll"; ⟨ist⟩ dies 1 „Hu" Reis, ⟨dann ist es⟩ ein Volumen ⟨von⟩ 1 Kubikfuß 6$^{1}/_{5}$ „Zoll"; ⟨ist⟩ dies 1 „Hu" Bohnen, Erbsen, Hanf ⟨oder⟩ Weizen, ⟨dann ist es für⟩ alle 2 Kubikfuß 4$^{3}/_{10}$ „Zoll".

¹) Das Volumen des Kegels ist $12^2 \cdot 2 : 36 = 8000$; das Gewicht
$8000 : 2^{7}/_{10}$ „Hu".
²) Das Volumen des Halbkegels ist $30^2 \cdot 7 : 18 = 350$; das Gewicht
$350 : 2^{43}/_{100}$ „Hu".
³) Das Volumen des Viertelkegels ist $8^2 \cdot 5 : 9 = 35^{5}/_{9}$; das Gewicht
$35^{5}/_{9} : 1^{62}/_{100}$ „Hu" $= 21^{691}/_{729}$.
⁴) T.: Gespeicherte Hirse.
⁵) Ch'êng = Muster, Regelung. Hier ist Hu nicht wie sonst das Getreidemaß mit ca. 20 Liter, sondern offenbar eine Gewichtseinheit, die als „Hu" wiedergegeben werden soll. Es wiegen 2,7 Kubikfuß Hirse soviel wie 1,62 Kubikfuß Reis und wie 2,43 Kubikfuß Bohnen. Da 1,62 Kubikfuß = 1 Volumen-Hu ist, ist das „Hu" definiert als das Gewicht von 1 Volumen-Hu Reis. Die spezifischen Gewichte von Reis, Hirse und Bohnen verhalten sich wie 1 : 0,6 : 0,66..; die reziproken Werte wie 30 : 50 : 45 (s. S. 141).

26. Jetzt hat man Erde ausgehoben. Die Länge ⟨ist⟩ 1 Klafter 6 Fuß, die Tiefe 1 Klafter, oben ⟨ist⟩ die Breite 6 Fuß. ⟨Davon⟩ gibt es eine Wand ⟨mit⟩ dem Volumen ⟨von⟩ 576 Kubikfuß.

Frage: Wie groß ‹ist› die untere Breite des Erdaushubs? Die Antwort sagt: $3^3/_5$ Fuß.

Die Regel lautet: Lege hin die Kubikfuß des Volumens der Wand ‹und› multipliziere es mit 4; es ist der Dividend. Dann werden Tiefe ‹und› Länge miteinander multipliziert. Ferner verdreifache es; ‹das Produkt› ist der Divisor. Was man ‹aus der Division› bekommen hat, verdopple es. Ziehe ‹davon› die obere Breite ab; der Rest ist dann die untere Breite[1]).

27. Jetzt hat man einen Speicher. Die Breite ‹ist› 3 Klafter, die Länge 4 Klafter 5 Fuß, die ‹darin› enthaltene Hirse 1 0000 „Hu". Frage: Wie groß ‹ist› die Höhe? Die Antwort sagt: 2 Klafter. Die Regel lautet: Lege hin die Kubikfuß des Volumens von den 1 0000 „Hu" Hirse; ‹es› ist der Dividend. Breite und Länge werden miteinander multipliziert; ‹es› ist der Divisor. Teile den Dividenden durch den Divisor. Das Ergebnis ‹ist› die Höhe in Fuß[2]).

28. Jetzt hat man einen zylindrischen Behälter[3]). Die Höhe ‹ist› 1 Klafter 3 Fuß $3^1/_3$ Zoll; er enthält 2000 „Hu" Reis. Frage: Wie groß ‹ist› der Umfang ‹des Grundkreises›? Die Antwort sagt: 5 Klafter 4 Fuß.

Die Regel lautet: Lege hin die Kubikfuß des Reisvolumens; mit 12 multipliziere es. Es soll durch die Höhe dividiert werden[4]). ‹Aus› dem Ergebnis ziehe die Wurzel; dann ‹ist es› der Umfang[5]).

[1]) Der Aushub ist ein Prisma mit Trapezbasis (wie z. B. in Aufg. 2). Da die Wand aus fester Erde besteht, müssen $576 \cdot {}^4/_3$ ausgehoben werden. Die gesuchte untere Breite ergibt sich aus dem Rezept: b = [(576 · 4) : : (10 · 16 · 3)] · 2 — 6.

[2]) Gesucht ist die Höhe eines Quaders vom Volumen 1 0000 · 2,7 Kubikfuß.

[3]) Yüan chün = runder Speicher. Das Zylindervolumen ist 2000 · 1,62 = = 3240 Kubikfuß. Aus $u^2/_{12} \cdot h = V$ folgt $u = \sqrt{V \cdot 12 : h}$.

[4]) T.: Ling (= anordnen, befehlen) kao (= Höhe) êrh (= und) i (= 1)

[5]) $u = \sqrt{3240 \cdot 12 : 13^1/_3} = 54$ Fu = 5 Klafter 4 Fuß.

Buch VI

Gerechte Steuereinschätzung[1])

1. Jetzt liegt die gerechte Abgabe einer Getreide‹steuer› vor. Der Bezirk A ‹mit› 1 0000 Höfen geht einen Weg ‹von› 8 Tagen, Bezirk B ‹mit› 9500 Höfen geht einen Weg ‹von› 10 Tagen, Bezirk C

‹mit› 1 2350 Höfen geht einen Weg ‹von› 13 Tagen ‹und› Bezirk D ‹mit› 1 2200 Höfen geht einen Weg ‹von› 20 Tagen, ‹damit› jeder den Ort der Ablieferung erreicht. Alle 4 Bezirke geben als schuldige Abgabe 25 0000 Hu. Es sind 1 0000 Fuhren nötig. Gewünscht wird, daß man den Weg in Meilen – ‹ob› fern ‹oder› nah – ‹und› die Zahl der Höfe – ‹ob› viel ‹oder› wenig – nimmt ‹und› es dementsprechend²) abliefert. Frage: Wieviel ist beides, ‹die Menge des› Getreides ‹und die Zahl der› Fuhren? Die Antwort sagt: Bezirk A: 8 3100 Hu Getreide, 3324 Fuhren. Bezirk B: 6 3175 Hu Getreide, 2527 Fuhren. Bezirk C: 6 3175 Hu Getreide, 2527 Fuhren. Bezirk D: 4 0550 Hu Getreide, 1622 Fuhren.

Proportionale Verteilung[1])

Die Regel lautet: Es soll die Anzahl der Höfe des Bezirks, jedesmal dividiert durch die Zahl der Tage des jeweils zugehörigen Reiseweges, als Verhältniszahl genommen werden. ‹Für› A ‹ist die› Verhältniszahl 125, ‹für› B ‹und› C ‹ist die› Verhältniszahl beidesmal 95, ‹für› D ‹ist die› Verhältniszahl 61. Dann addiere sie, es ist der Divisor. Mit der Zahl der Fuhren des abzugebenden Getreides multipliziere die noch nicht addierten ‹Verhältniszahlen›; jedes ‹Produkt› für sich ist ein Dividend. Teile die Dividenden durch den Divisor; du erhältst ‹die Zahl der› Fuhren[3]). Wenn man Brüche hat, runde sie nach oben ‹oder› unten ab[4]). Mit 25 Hu multipliziere die Zahl der Fuhren, dann ‹ist es die› Menge des Getreides[5]).

[1]) Chün shu*; chün = gerecht, fair, richtig, shu = zahlen, Schuld, Tribut, Abgabe. Eine gerechte Verteilung ist eine proportionale, die gewisse Vorschriften oder Absprachen berücksichtigt. In den ersten 4 Aufgaben wird so eine Getreidesteuer oder eine Dienstleistung proportional aufgeteilt. Dann folgen vermischte Aufgaben aus verschiedenen Bereichen des täglichen Lebens.
[2]) Zu ch'ui s. S. 27.
[3]) T.: „du erhältst 1 Fuhre"; s. hierzu S. 107.
[4]) T.: pei = Reihe Klasse. Also: ordne sie nach oben oder unten ein.
[5]) Die Anteile an der Abgabe sind proportional der Anzahl der Höfe und umgekehrt proportional der Entfernung zum Ablieferungsort. Es ergibt sich für A $3324^{22}/_{47}$, für B und C $2526^{28}/_{47}$, für D $1622^{16}/_{47}$ Fuhren. Da die abgerundeten Beträge gleich den aufgerundeten sind, ergeben sich genau 1 0000 Fuhren sowie (nach der Multiplikation mit 25, da 25 Hu auf einen Wagen gehen) 25 0000 Hu.

2. Jetzt hat man eine gerechte Verteilung von Dienstleistungssoldaten. Der Bezirk A ‹mit› 1200 Leuten ‹befindet sich› dicht bei

dem Festungsbau; der Bezirk B ⟨mit⟩ 1550 Leuten geht den Weg von 1 Tag, der Bezirk C ⟨mit⟩ 1280 Leuten geht den Weg von 2 Tagen, der Bezirk D ⟨mit⟩ 990 Leuten geht den Weg von 3 Tagen ⟨und⟩ der Bezirk E ⟨mit⟩ 1750 Leuten geht den Weg von 5 Tagen ⟨bis zum Arbeitsplatz⟩. Alle 5 Bezirke müssen ⟨für⟩ 1 Monat 1200 Mann zur Dienstleistung abstellen. Gewünscht wird, ⟨daß man⟩ die weite ⟨oder⟩ nahe ⟨Entfernung sowie⟩ die große ⟨oder⟩ kleine Zahl der Leute[1] nimmt ⟨und⟩ dementsprechend die Abstellung durchführt[2]). Frage: Wieviel ⟨stellt⟩ jeder Bezirk ⟨ab⟩? Die Antwort sagt: Bezirk A: 229 Mann; Bezirk B: 286 Mann; Bezirk C: 228 Mann; Bezirk D: 171 Mann; Bezirk E: 286 Mann.

Die Regel lautet ⟨und⟩ schreibt vor: ⟨Die Zahl der⟩ Leute des Bezirks, jedesmal dividiert durch die Zahl der Tage ihres Verweilens am Ort[3]) und des Anmarschweges, nimm als Verhältniszahl. Die Verhältniszahl von A ⟨ist⟩ 4, die Verhältniszahl von B ⟨ist⟩ 5, die Verhältniszahl von C ⟨ist⟩ 4, die Verhältniszahl von D ⟨ist⟩ 3, die Verhältniszahl von E ⟨ist⟩ 5. Dann addiere ⟨sie⟩; es ist der Divisor. Mit der Zahl der Leute multipliziere die noch nicht addierten ⟨Verhältniszahlen⟩, jedes ⟨Produkt⟩ für sich ist ein Dividend. Teile die Dividenden durch den Divisor. Wenn man Brüche hat, runde sie nach oben ⟨oder⟩ unten ab[4]).

[1]) T.: Zahl (l ü) der Höfe.
[2]) T.: es hergibt.
[3]) Das „Verweilen am Ort" ist die Zeit der Schanzarbeit.
[4]) Die Zahl der Tage für A ist 30, für B 31, für C 32, für D 33 und für E 35. Als genaue Werte errechnen sich für A $228^4/_7$, für B $285^5/_7$, für C $228^4/_7$, für D $171^1/_7$ und für E $285^5/_7$ Mann. Bei den gleichen Werten für A und C wurde einmal aufgerundet, einmal abgerundet; nur so gibt es wieder als Gesamtsumme 1200 Mann.

3. Jetzt hat man proportional[1]) Getreide abzugeben. Der Bezirk A ⟨hat⟩ 2 0520 Höfe; 1 Hu Getreide ⟨kostet dort⟩ 20 Geldstücke; der Transport ⟨erfolgt in⟩ eben diesen Bezirk. Der Bezirk B ⟨hat⟩ 1 2312 Höfe; 1 Hu Getreide ⟨kostet dort⟩ 10 Geldstücke ⟨und⟩ man erreicht den Ort der Ablieferung ⟨nach⟩ 200 Meilen. Der Bezirk C ⟨hat⟩ 7182 Höfe; 1 Hu Getreide ⟨kostet dort⟩ 12 Geldstücke ⟨und⟩ man erreicht den Ort der Ablieferung ⟨nach⟩ 150 Meilen. Der Bezirk D ⟨hat⟩ 1 3338 Höfe; 1 Hu Getreide ⟨kostet dort⟩ 17 Geldstücke ⟨und⟩ man erreicht den Ort der Ablieferung ⟨nach⟩ 250 Meilen. Der Bezirk E ⟨hat⟩ 5130 Höfe; 1 Hu Getreide ⟨kostet

dort⟩ 13 Geldstücke ⟨und⟩ man erreicht den Ort der Ablieferung ⟨nach⟩ 150 Meilen. Alle 5 Bezirke bringen eine Abgabe von 1 0000 Hu Getreide; 1 Wagen hat 25 Hu geladen. Man gibt als ⟨Fuhr⟩lohn ⟨für⟩ 1 Meile 1 Geldstück. Verlangt wird, daß ⟨die Verhältniszahlen⟩ geordnet[2]) werden nach der ⟨Zahl der⟩ Höfe des Bezirks ⟨und⟩ nach den Auslagen beim Transport[3]) der veranlaßten Getreideabgabe. Frage: Wieviel Getreide ⟨liefert⟩ jeder Bezirk? Die Antwort sagt: Bezirk A: $3571^{517}/_{2873}$ Hu; Bezirk B: $2380^{2260}/_{2873}$ Hu; Bezirk C: $1388^{2276}/_{2873}$ Hu; Bezirk D: $1719^{1313}/_{2873}$ Hu; Bezirk E: $939^{2253}/_{2873}$ Hu.

Die Regel lautet: Mit dem Wert des ⟨Fuhr⟩lohnes für 1 Meile multipliziere ⟨die Zahl der⟩ Meilen bis zum Erreichen des Ablieferungsortes; dividiere es durch die 25 Hu, ⟨die auf⟩ 1 Wagen ⟨verladen sind, und⟩ lege dazu den Preis von 1 Hu Getreide, dann ⟨sind es⟩ die Unkosten für das Herbringen von 1 Hu. Damit dividiere jedesmal die Zahl der zugehörigen[4]) Höfe; ⟨die Quotienten⟩ sind die Verhältniszahlen. Die Verhältniszahl von A ⟨ist⟩ 1026, die Verhältniszahl von B ⟨ist⟩ 684, die Verhältniszahl von C ⟨ist⟩ 399, die Verhältniszahl von D ⟨ist⟩ 494, die Verhältniszahl von E ⟨ist⟩ 270. Dann addiere; ⟨die Summe⟩ ist der Divisor. Das was an Getreide abzugeben ist, multipliziere mit den noch nicht addierten ⟨Verhältniszahlen⟩; jedes ⟨Produkt⟩ für sich ist ein Dividend. Teile die Dividenden durch den Divisor[5]).

[1]) T.: gerecht.
[2]) T.: Têng = warten, ordnen, Stufe.
[3]) T.: Arbeit, Mühe.
[4]) T.: diese Höfe.
[5]) Die Lieferungen sind proportional der Zahl der Höfe und umgekehrt proportional den Auslagen für 1 Hu. Diese sind 1.) der Preis für 1 Hu am Ort und 2.) der Fuhrlohn für den Transport von 1 Hu, also 1 Geldstück · Meilenzahl : 25. Die Verhältniszahlen sind für A 2 0520 : : (0 + 20), für B 1 2312 : ($^{200}/_{25}$ + 10) usw.

4. Jetzt hat man proportional Getreide abzugeben. Der Bezirk A ⟨umfaßt⟩ 4 2000 Suan[1]); 1 Hu Getreide ⟨kostet dort⟩ 20 ⟨Geldstücke⟩, der Wert des ⟨Fuhr⟩lohnes für 1 Tag ⟨ist⟩ 1 Geldstück; der Transport ⟨erfolgt⟩ gerade in diesen Bezirk[2]). Der Bezirk B ⟨umfaßt⟩ 3 4272 Suan; 1 Hu Getreide ⟨kostet dort⟩ 18 ⟨Geldstücke⟩; der Wert des ⟨Fuhr⟩lohnes für 1 Tag ⟨ist⟩ 10 ⟨Geldstücke⟩, man erreicht den Ort der Ablieferung ⟨nach⟩ 70 Meilen. Der Bezirk C ⟨umfaßt⟩ 1 9328 Suan; 1 Hu Getreide ⟨kostet dort⟩ 16 ⟨Geldstücke⟩; der Wert des ⟨Fuhr⟩lohnes für 1 Tag ⟨ist⟩ 5 Geldstücke;

man erreicht den Ort der Ablieferung ‹nach› 140 Meilen. Der Bezirk D ‹umfaßt› 1 7700 Suan; 1 Hu Getreide ‹kostet dort› 14 Geldstücke; der Wert des ‹Fuhr›lohnes für 1 Tag ‹ist› 5 ‹Geldstücke›; man erreicht den Ort der Ablieferung ‹nach› 175 Meilen. Der Bezirk E ‹umfaßt› 2 3040 Suan; 1 Hu Getreide ‹kostet dort› 12 ‹Geldstücke›; der Wert des ‹Fuhr›lohnes für 1 Tag ‹ist› 5 Geldstücke; man erreicht den Ort der Ablieferung ‹nach› 210 Meilen. Der Bezirk F ‹umfaßt› 1 9136 Suan; 1 Hu Getreide ‹kostet dort› 10 ‹Geldstücke›; der Wert des ‹Fuhr›lohnes für 1 Tag ‹ist› 5 Geldstücke; man erreicht den Ort der Ablieferung ‹nach› 280 Meilen. Die 6 Bezirke zusammen liefern 6 0000 Hu Getreide ab. Alle transportieren ‹nach dem › Bezirk A. ‹Je› 6 Mann zusammen ‹bedienen› einen Wagen; der Wagen wird beladen ‹mit› 25 Hu; der schwere Wagen legt im Tag 50 Meilen zurück, der leere Wagen legt im Tag 70 Meilen zurück. Man ladet ‹und› entladet es in je[3]) 1 Tag. Getreide hat man teueres ‹und› billiges; die Höhe des Lohnes ist jedesmal verschieden; ‹dies, zusammen› mit ‹der Zahl der› Suan, dem ausgegebenen Geld ‹und› der Belastung durch die angeordneten Auslagen[4]) bestimmt die Verhältniszahlen[5]). Frage: Wieviel Getreide ‹liefert› jeder Bezirk ‹ab›? Die Antwort sagt: Bezirk A: 1 8947^{49}/$_{133}$ Hu; Bezirk B: 1 0827^{9}/$_{133}$ Hu; Bezirk C: 7218^{6}/$_{133}$ Hu; Bezirk D: 6766^{122}/$_{133}$ Hu. Bezirk E: 9022^{74}/$_{133}$ Hu; Bezirk F: 7218^{6}/$_{133}$ Hu.

Die Regel lautet: Nimm die Leistungen des Wagens beim Fahren leer ‹und› beladen; ‹sie› werden miteinander multipliziert; es ist der Divisor. Addiere ‹die Leistungen des› leeren ‹und› beladenen ‹Wagens›, damit multipliziere die Meilen des Weges ‹zu den Bezirken›, jedes ‹Produkt› ist für sich ein Dividend. Teile die Dividenden durch den Divisor; du erhältst die Anzahl der Tage[6]). Addiere dazu je einen Tag für Beladen und Entladen und multipliziere es mit den 6 Leuten. Wiederum mit dem Wert des Lohnes multipliziere es. Mit 25 Hu dividiere es. Addiere den Preis von 1 Hu Getreide, dann ‹sind es› die Auslagen für das Herbringen von 1 Hu. Damit dividiere jedesmal die Zahl der zugehörigen[7]) Suan. ‹Die Quotienten› sind die Verhältniszahlen. Dann addiere ‹sie›; es gibt den Divisor. Mit dem, was an Getreide abgeliefert wird, multipliziere die noch nicht addierten Verhältniszahlen; jedes ‹Produkt› für sich ist ein Dividend. Teile die Dividenden durch den Divisor, du erhältst ‹es in› Hu[8]).

---

[1]) S u a n = rechnen, Plan, auch eine Steuereinheit bestehend aus 120 Personen zwischen 15 und 65 Jahren, die steuerpflichtig sind [2 (1); 529].

²) Also kommt kein Fuhrlohn in Frage.
³) T.: jedem.
⁴) Es fehlt zur Bestimmung der Verhältniszahlen noch die Wagengeschwindigkeit und die Entfernung.
⁵) Statt „Bestimmen die Verhältniszahlen" steht nur da Têng (s. S. 40).
⁶) Zuerst wird berechnet, wieviel Tage der Wagen zu einer Meile hin und zurück braucht. Es sind dies $1/_{50} + 1/_{70} = {}^{120}/_{3500}$ Tage. Nimmt man als Zahl der Suan S, als Entfernung zu den Bezirken s, als Preis für 1 Hu h, als Taglohn p, dann werden die Verhältniszahlen bestimmt durch die Formel: $S: \left(\dfrac{p \cdot 6 \cdot (s \cdot {}^{12}/_{350} + 2)}{25} + h \right)$, also Zahl der Suan dividiert durch die Auslagen für 1 Hu; der Lohn muß für $(s \cdot {}^{12}/_{350} + 2)$ Tage bezahlt werden.
⁷) T.: dieser.
⁸) T.: du erhältst 1 Hu.

5. Jetzt hat man 7 Tou Grundhirse; 3 Leute teilten ‹es unter sich und› reinigten sie. Der 1 Mann machte ‹sich› geschälte Hirse, 1 Mann machte ‹sich› gereinigte Hirse, 1 Mann machte ‹sich› gut gereinigte Hirse. Es wird verlangt, ‹daß› die Menge ‹der so erhaltenen› Hirse ‹für jeden› die gleiche ist. Frage: Wieviel nahm jeder von der Grundhirse ‹und wieviel› Hirse machte er ‹sich›? Die Antwort sagt: ‹Der mit der› geschälten Hirse nahm von der Grundhirse $2^{10}/_{121}$ Tou. ‹Der mit der› gereinigten Hirse nahm von der Grundhirse $2^{38}/_{121}$ Tou. ‹Der mit der› gut gereinigten Hirse nahm von der Grundhirse $2^{73}/_{121}$ Tou. Jeder machte ‹sich› an Hirse $1^{151}/_{605}$ Tou.

Die Regel lautet: Der Reihe nach lege hin ‹für› die geschälte Hirse 30, ‹für› die gereinigte Hirse 27, ‹für› die gut gereinigte Hirse 24 und nimm die Verhältniszahlen reziprok¹). Dann addiere ‹diese›; es ist der Divisor. Mit den 7 Tou multipliziere die noch nicht addierten ‹Verhältniszahlen›, jedes ‹Produkt› für sich ist ‹bei der Bestimmung der› weggenommenen Grundhirse ein Dividend. Teile die Dividenden durch den Divisor; man erhält es in Tou²). Und sucht man die ‹für jeden› gleiche Menge Hirse, ‹dann› wird die wirklich weggenommene Grundhirse mit jeder der zugrunde gelegten Meßzahl multipliziert; es sind die Dividenden. Nimm die Meßzahl 50 der Grundhirse als Divisor ‹und› teile die Dividenden durch den Divisor. Du erhältst ‹es in› Tou³).

6. Jetzt hat man ‹folgenden Fall›: Einem Mann wird als Kornspende geschuldet 2 Hu Grundhirse, ‹aber im› Speicher ‹war› keine Hirse. Es wird gewünscht, daß gegeben wird 1 ‹Teil an ‹geschälter› Hirse⁴) ‹und› 2 ‹Teile› an Bohnen anstelle der Grundhirse, die als Kornspende geschuldet war. Frage: Wieviel ‹erhält

der Mann⟩ von jedem? Die Antwort sagt: ⟨Geschälte⟩ Hirse 5 Tou $1^3/_7$ Shêng. Bohnen 1 Hu $2^6/_7$ Shêng.

Die Regel lautet: Lege hin 1 ⟨für die geschälte ⟩Hirse, 2 ⟨für⟩ die Bohnen; gesucht ist die Menge, ⟨die es⟩ an Grundhirse ⟨macht⟩. Addiere es; man erhält $3^8/_9$. Nimm es als Divisor. Ferner lege hin ⟨für die geschälte⟩ Hirse 1, ⟨für⟩ die Bohnen 2 und multipliziere es mit den 2 Hu Grundhirse. Jedes für sich ist ein Dividend. Teile die Dividenden durch den Divisor; du erhältst es in Hu[5]).

[1]) T.: Fan ch'ui chih; fan = umkehren, ch'ui = Verhältniszahl, chih = es.
[2]) T.: Du erhältst 1 Tou; ähnlich auch in den weiteren Aufgaben.
[3]) Es wird gerechnet $1/_{30} + 1/_{27} + 1/_{24} = {}^{121}/_{1080}$, dann als Anteil an Grundhirse für den ersten Mann $7 \cdot 1/_{30} : ({}^{121}/_{1080}) = 2^{10}/_{121}$. Für den zweiten gibt es so $2^{38}/_{121}$ und für den dritten $2^{73}/_{121}$. Diese Beträge werden noch in die gewünschten Hirsesorten umgerechnet; für jeden sind es $1^{151}/_{605}$ Tou.
[4]) Obwohl nur mi (Reis, Hirse) dasteht, zeigt die Meßzahl 30, daß li mi (geschälte Hirse) gemeint ist.
[5]) Die geschälte Hirse ergibt $1 \cdot 5/_3$, die Bohnen $2 \cdot {}^{10}/_9$ Teile an Grundhirse, also zusammen $3^8/_9$. Im Verhältnis $5/_3$ zu ${}^{20}/_9$ werden dann die 20 Shêng geteilt; es gibt ${}^{60}/_7$ und ${}^{80}/_7$ oder in geschälte Hirse und Bohnen umgerechnet ${}^{60}/_7 \cdot {}^3/_5 = 5^1/_7$ und ${}^{80}/_7 \cdot {}^9/_{10} = 10^2/_7$ Tou.

7. Jetzt hat man einen Lohn bekommen ⟨für das⟩ Herbringen von 2 Hu Salz ⟨auf eine⟩ Entfernung ⟨von⟩ 100 Meilen; man gab 40 Geldstücke. Jetzt trägt man 1 Hu 7 Tou $3^1/_3$ Shêng Salz ⟨auf eine⟩ Entfernung ⟨von⟩ 80 Meilen. Frage: Wieviel Geldstücke gab man? Die Antwort sagt: $27^{11}/_{15}$ Geldstücke.

Die Regel lautet: Lege hin die Zahlen der Shêng von 2 Hu Salz; mit 100 Meilen multipliziere es. ⟨Das Produkt⟩ ist der Divisor. Mit den 40 Geldstücken multipliziere die Zahl der Shêng des jetzt hergebrachten Salzes ⟨und⟩ multipliziere es noch mit den 80 Meilen; ⟨das Produkt⟩ ist der Dividend. Teile den Dividenden durch den Divisor. Man erhält es in Geldstücken[1]).

[1]) Das aus der Regula de quinque gewonnene Rezept lautet $(173^1/_3 \cdot 40 \cdot 80) : 200 \cdot 100)$.

8. Jetzt trägt man einen Korb, ⟨der⟩ 1 Stein 17 Pfund schwer ⟨ist⟩, 50 mal ⟨auf eine⟩ Entfernung ⟨von⟩ 76 Schritt. Jetzt trägt man einen Korb, ⟨der⟩ 1 Stein schwer ⟨ist, auf eine⟩ Entfernung ⟨von⟩ 100 Schritt. Frage: Wieviel mal ⟨muß man ihn tragen⟩? Die Antwort sagt: $57^{1629}/_{2603}$ mal.

Die Regel lautet: Mit der Schrittzahl der Entfernung, wie sie am Anfang ‹war›, multipliziere die Zahl der Pfund des anfänglichen Korbgewichtes; ‹das Produkt› ist der Divisor. Die jetzige Schritt-‹zahl› wird mit der Zahl der Pfund des jetzigen Korbgewichtes multipliziert; ferner multipliziere es mit der Anzahl der Male; ‹das Produkt› ist der Dividend. Teile den Dividenden durch den Divisor. Man erhält die Zahl der Gänge[1]).

[1]) Du erhältst 1 Gang. – Die Lösung ist (100 · 120 · 50) : (137 · 76).

9. Jetzt hat man eine Straße, ‹auf der› ein etappenweiser Transport ‹stattfindet›. Es fährt der leere Wagen im Tag einen Weg von 70 Meilen; der beladene Wagen ‹fährt› im Tag einen Weg von 50 Meilen. Man lädt ‹im› vornehmen[1]) Speicher das Getreide auf ‹und› transportiert ‹es in den› kaiserlichen[2]) Park ‹während› 5 Tagen 3mal. Frage: Wie weit ‹ist› der vornehme Speicher vom kaiserlichen Park entfernt? Die Antwort sagt: $48^{11}/_{18}$ Meilen. Die Regel lautet: Addiere die Zahl der Meilen ‹für den› leeren ‹und den› beladenen ‹Wagen›, mit den 3 Malen multipliziere es; ‹das Produkt› ist der Divisor. Es sollen die Meilen des leeren ‹und› beladenen ‹Wagens› miteinander multipliziert werden; multipliziere es ferner mit den 5 Tagen. ‹Das Produkt› ist der Dividend. Teile den Dividenden durch den Divisor. Du erhältst die Meilen[3]).

[1]) T.: T'ai = groß, hoch im Rang.
[2]) T.: Shang = oben, Spitze, der Erste.
[3]) Für 1 Meile hin und her braucht man $^{12}/_{350}$ Tage (s. o. Aufgabe VI/4); also ist der Weg in 5 Tagen 5 · 350 : 12 Meilen. Auf 1 Fahrt trifft dann die Entfernung von 5 · 350 : 36 = $48^{11}/_{18}$ Meilen. Das Rezept ist: $\frac{50 \cdot 70 \cdot 5}{(50 + 70) \cdot 3}$. Die einfache Entfernung ist die Hälfte des Hin- und Herweges, also $24^{11}/_{36}$ Meilen.

10. Jetzt hat man ‹folgenden Fall›: 1 Pfund aufgewickelte Seide gibt 12 Unzen weiche Seide; 1 Pfund weiche Seide gibt 1 Pfund 12 Chu farbige Seide. Jetzt hat man 1 Pfund farbige Seide. Frage: Wieviel ‹war es› ursprünglich an aufgewickelter Seide? Die Antwort sagt: 1 Pfund 4 Unzen $16^{16}/_{33}$ Chu.

Die Regel lautet: Mit 12 Unzen weicher Seide multipliziere 1 Pfund 12 Chu farbiger Seide; ‹das Produkt› ist der Divisor. Mit der Zahl der Chu in 1 Pfund farbiger Seide multipliziere die Zahl der Unzen in 1 Pfund weicher Seide ‹und› multipliziere es noch mit 1 Pfund der aufgewickelten Seide; ‹das Produkt› ist der Dividend. Teile den Dividenden durch den Divisor. Du erhältst ‹es in› Pfund[1]).

[1]) Berechnungsformel: $(384 \cdot 16 \cdot 1) : (396 \cdot 12)$; (1 Pfund = 16 Unzen = 384 Chu). – Durch Verarbeitung der Seidenfäden ist die Einbuße an Gewicht $1/4$; durch Aufnahme der Farbe ist die Zunahme $1/32$. So ergibt sich die einfache Lösung: $1 \cdot {}^{32}/_{33} \cdot {}^4/_3$ Pfund.

11. Jetzt hat man 20 Tou schlechte Hirse[1]), reinigte sie ‹und› erhielt 9 Tou geschälter Hirse. Jetzt will man 10 Tou gereinigte Hirse ‹zu bekommen› suchen. Frage: Wieviel ‹war es› an schlechter Hirse? Die Antwort sagt: 24 Tou $6^{74}/_{81}$ Shêng.

Die Regel lautet: Lege hin die 9 Tou der geschälten Hirse; mit 9 multipliziere es; ‹das Produkt› ist der Divisor. Ferner lege hin die 10 Tou gereinigte Hirse; mit 10 multipliziere es ‹und› multipliziere es noch mit den 20 Tou schlechter Hirse. Es ist der Dividend. Teile den Dividenden durch den Divisor. Du erhältst ‹es in› Tou[2]).

[1]) In der Tabelle von Buch II ist die schlechte Hirse nicht aufgeführt. Sie hätte eine Meßzahl $66^2/_3$.
[2]) 10 Tou gereinigte Hirse = $10 \cdot {}^{10}/_9$ geschälte Hirse = $10 \cdot {}^{10}/_9 \cdot {}^{20}/_9$ schlechte Hirse; daraus das Rezept $(10 \cdot 10 \cdot 20) : (9 \cdot 9)$.

12. Jetzt hat man ‹folgende Aufgabe›: Einer, der gut zu Fuß ist, geht 100 Schritt ‹und› einer, der nicht gut zu Fuß ist, geht ‹in derselben Zeit› 60 Schritt. Jetzt ist der Langsame[1]) 100 Schritt zuerst gegangen ‹und› der Schnelle[2]) verfolgt ihn. Frage: ‹Nach› wieviel Schritt holt er ihn ein? Die Antwort sagt: ‹Nach› 250 Schritt.

Die Regel lautet: Lege hin die 100 Schritt, die der rasch Gehende zurücklegt ‹und› ziehe ab die 60 Schritt, die der langsam Gehende zurücklegt; der Rest ‹ist› 40 Schritt. Nimm es als Divisor. Mit den 100 Schritt des rasch Gehenden multipliziere die 100 Schritt, die der langsam Gehende zuerst gegangen ist; ‹das Produkt› ist der Dividend. Teile den Dividenden durch den Divisor; du erhältst ‹es in› Schritt[3]).

13. Jetzt hat man ‹folgendes›: Der Langsame war zuerst 10 Meilen vorausgegangen ‹und› der Schnelle verfolgt ihn. ‹Nach› 100 Meilen hat er zuerst den Langsamen erreicht ‹und war noch› 20 Meilen ‹weiter›. Frage: ‹Mit› wieviel Meilen hatte er ihn eingeholt? Die Antwort sagt: ‹Nach› $33^1/_3$ Meilen.

Die Regel lautet: Lege hin die 10 Meilen, die der Langsame zuerst gegangen ist; vermehre dies um die 20 Meilen, mit denen der Schnelle ‹den anderen› überholt hat[4]). Nimm es als Divisor. Mit den 10 Meilen, die der Langsame zuerst gegangen ist, multipliziere die 100 Meilen, die der Schnelle gegangen ist; es ist der Dividend. Teile den Dividenden durch den Divisor. Du erhältst ‹es in› Meilen[5]).

14. Jetzt war ein Hase zuerst 100 Schritt gelaufen. Ein Hund verfolgte ihn ‹auf› 250 Schritt. Er erreichte ihn nicht ‹um› 30 Schritt und blieb stehen. Frage: Wieviel hätte der Hund, wenn er nicht stehen geblieben wäre, weiter laufen müssen, um ihn zu erreichen? Die Antwort sagt: $107^1/_7$ Schritt.

Die Regel lautet: Lege hin die 100 Schritt, die der Hase zuerst gelaufen war; vermindere es um die 30 Schritt, auf die der Hund beim Nachlaufen nicht hinkam; der Rest ist der Divisor. Mit den 30 Schritt, ‹um die der Hund den Hasen› nicht erreichte[6]), multipliziere die Zahl der Schritte, ‹die› der Hund in der Verfolgung ‹lief; das Produkt› ist der Dividend. Teile den Dividend durch den Divisor. Du erhältst ‹es in› Schritt[7]).

[1]) T.: der nicht gut Gehende.
[2]) T.: der gut Gehende.
[3]) Wenn der Verfolger 100 Schritt geht, holt er $100 - 60 = 40$ Schritt auf. Da 100 Schritt aufzuholen sind, geschieht dies nach $100 \cdot {}^{100}/_{40}$ Schritt.
[4]) T.: zuerst erreicht hat.
[5]) Nach 100 Meilen hat der Schnelle $10 + 20$ Meilen aufgeholt. Um 10 Meilen aufzuholen muß er $100 \cdot 10 : (10 + 20)$ Meilen gegangen sein. Dies ist auch das Rezept.
[6]) T.: 30 Schritt des Nichterreichens.
[7]) Um $70 = 100 - 30$ Schritt aufzuholen lief der Hund 250 Schritt. Um noch die fehlenden 30 Schritt aufzuholen braucht der Hund noch $250 \cdot 30 : 70$ Schritt.

15. Jetzt hat man ‹folgende Aufgabe›: Ein Mann hat 12 Pfund Gold bei sich. Er entrichtet beim Ausgang aus dem Zollhaus eine Taxe, ‹nämlich› 1 von 10 Teilen[1]). Jetzt nahm das Zollamt 2 Pfund Gold ‹und› gab zurück 5000 Geldstücke. Frage: Wieviel kostet 1 Pfund Gold? Die Antwort sagt: 6250 Geldstücke.

Die Regel lautet: Mit 10 multipliziere die 2 Pfund; verkleinere dies um 12 Pfund; der Rest ist der Divisor. Mit 10 multipliziere 5000; ‹das Produkt› ist der Dividend. Teile den Dividenden durch den Divisor; du erhältst es[2]).

[1]) T.: 10 Teile und genommen 1.

²) Die Taxe $^{12}/_{10}$ Pfund ist gleich der Zahlung 2 Pfund — 5000 Geldstücke. Also 5000 = (2 · 10 — 12) / 10 Pfund; 1 Pfund = 5000 · 10 / (2 · 10 — 12), wie es vorgerechnet wird.

16. Ein Gast ‹macht› zu Pferd im Tag 300 Meilen. Der Gast ging fort ‹und› vergaß ein Kleidungsstück, das er bei sich hatte. Nach $^1/_3$ Tag aber bemerkte der Hausherr das mitgebrachte Kleidungsstück; er verfolgte ‹und› erreichte ‹den Gast›, gab es ‹ihm und› kehrte zurück. Er erreichte das Haus ‹und› sah, ‹daß› $^3/_4$ Tage ‹vergangen waren›. Frage: Wieviel legt der Hausherr täglich zu Pferd zurück, wenn er sich nicht aufhält? Die Antwort sagt: 780 Meilen.

Die Regel lautet: Lege hin $^3/_4$ Tag, ziehe ‹davon› ab $^1/_3$ Tag. Halbiere diesen Rest; nimm ‹es› als Divisor. Dann lege den Divisor hin ‹und› addiere $^1/_3$ Tag ‹und› multipliziere es mit 300 Meilen; ‹das Produkt› ist der Dividend. Teile den Dividenden durch den Divisor. Du erhältst den Weg, den der Gastgeber in 1 Tag geritten ist¹).

¹) Zu dem einfachen Weg braucht der Gastgeber ($^3/_4$ — $^1/_3$) : 2 Tage. Dieser auch vom Gast zurückgelegte Weg ist 300 · $^1/_3$ + 300 · $^5/_{24}$ Meilen. Also ist die Tagesleistung des Gastgebers $^{325}/_2 : ^5/_{24}$ = 780 Meilen.

17. Jetzt hat man einen Stab aus Gold 5 Fuß lang. Am Anfang wurde ‹ein Stück› 1 Fuß ‹lang und› 4 Pfund schwer abgeschlagen; am Ende wurde ‹ein Stück› 1 Fuß ‹lang und› 2 Pfund schwer abgeschlagen. Frage: Wie groß ‹ist› das Gewicht von jedem aufeinanderfolgenden 1 Fuß? Die Antwort sagt: 1 Fuß am Ende wiegt 2 Pfund. Der folgende 1 Fuß wiegt 2 Pfund 8 Unzen. Der folgende 1 Fuß wiegt 3 Pfund. Der folgende 1 Fuß wiegt 3 Pfund 8 Unzen. Der folgende 1 Fuß wiegt 4 Pfund.

Die Regel lautet: Es soll das Gewicht am Ende vom Gewicht am Anfang subtrahiert werden; der Rest ‹ist› dann die Maßzahl des Unterschiedes. Ferner lege hin das Gewicht am Anfang ‹und› multipliziere es mit 4, ‹der Zahl der› Zwischenräume. Es ist die unterste 1. Verhältniszahl¹), dann lege ‹sie› hin. Verkleinere sie um die Maßzahl des Unterschiedes. ‹Dies mache bei› jedem Fuß. Jede ‹Differenz› für sich ist eine Verhältniszahl. Dann lege hin die unterste 1. Verhältniszahl; es ist der Divisor. Mit dem Gewicht am Anfang, den 4 Pfund, multipliziere immer die Verhältniszahlen der Reihe; jedes ‹Produkt› für sich ist ein Dividend. Teile die Dividenden durch den Divisor; du erhältst ‹es in› Pfund²).

¹) Hsia ti i ch'ui; hsia = unten, ti i = die erste, ch'ui = Verhältniszahl; s. S. 27.

²) Ist das Anfangsgewicht $a = 4$, das Endgewicht $z = 2$, dann bildet die Rechenvorschrift zuerst der Reihe nach $4a$, $4a-(a-z)$, $4a-2\cdot(a-z)$, $4a-3\cdot(a-z)$ und $4a-4\cdot(a-z)$. Dies gibt die „Verhältniszahlen" $4a$, $3a+z$, $2a+2z$, $a+3z$ und $4z$. Sie werden mit 4 multipliziert und durch $4a$ dividiert; dies ergibt dann die Lösungen: $4(=a)$, $(3a+z):a$, $(2a+2z):a$, $(a+3z):a$ und $4z:a$. Daß es sich um eine arithmetische Reihe handelt, wird nicht erwähnt.

18. Jetzt hat man 5 Leute. Sie verteilen ‹unter sich› 5 Geldstücke. Es sollen die oberen 2 Leute das Gleiche erhalten, was man den unteren 3 Leuten gibt. Frage: Wieviel erhält jeder? Die Antwort sagt: A erhält $1\,^2/_6$ Geldstücke. B erhält $1\,^1/_6$ Geldstücke. C erhält 1 Geldstück. D erhält $^5/_6$ Geldstücke. E erhält $^4/_6$ Geldstücke.

Die Regel lautet: Lege hin eine Pyramide der Geldstücke; sie bewirkt die Verhältniszahlen¹). Addiere die ‹Beträge für die› oberen 2 Leute; es macht 9. Addiere die ‹Beträge für die› unteren 3 Leute; es macht 6. Gegenüber 9 ‹ist› 6 ‹um› 3 kleiner. Nimm 3; alle ‹Zahlen der Pyramide› addiere dazu. Dann addiere; es gibt den Divisor. Mit den Geldstücken, die verteilt werden, multipliziere die noch nicht addierten ‹Verhältniszahlen›; jedes ‹Produkt› für sich ist ein Dividend. Teile die Dividenden durch den Divisor. Du erhältst ‹es in› Geldstücken²).

¹) Hingelegt werden (s. Fig. 15) nicht die Geldstücke, sondern die Leute. Die Verhältniszahlen selbst sind nicht die Zahlen 1 bis 5, sondern jeweils die um 3 größeren, also 4, 5, 6, 7, 8.
²) Nimmt man als 1. Glied $a + d$, als 2. Glied $a + 2d$ usw., dann ist unser Ansatz: $3a + 6d = 2a + 9d$, also $a = 3d$. Die Verhältniszahlen sind dann $4d$, $5d$, $6d$, $7d$, $8d$. In diesem Verhältnis werden die 5 Geldstücke verteilt.

19. Jetzt hat man einen Bambusstab ‹mit› 9 Gliedern¹). Die unteren 3 Glieder haben einen Inhalt ‹von› 4 Shêng, die oberen 4 Glieder haben einen Inhalt ‹von› 3 Shêng. Frage: ‹Für› die mittleren 2 Glieder wird gewünscht, daß sich jeder dem Inhalt des ‹benachbarten› größeren ‹und kleineren› anpaßt²). Die Antwort sagt: Das untere erste ‹Glied› $1\,^{29}/_{66}$ Shêng. Das folgende $1\,^{22}/_{66}$ Shêng. Das folgende $1\,^{15}/_{66}$ Shêng. Das folgende $1\,^8/_{66}$ Shêng. Das folgende $1\,^1/_{66}$ Shêng. Das folgende $^{60}/_{66}$ Shêng. Das folgende $^{53}/_{66}$ Shêng. Das folgende $^{46}/_{66}$ Shêng. Das folgende $^{39}/_{66}$ Shêng.
Die Regel lautet: Durch die unteren 3 Glieder teile 4 Shêng; es ist der untere Koeffizient. Durch die oberen 4 Glieder teile 3 Shêng; es ist der obere Koeffizient. ‹Man hat einen› oberen ‹und› unteren Koeffizienten. Um den kleineren vermindere den größeren; der

Rest ist der Dividend. Lege hin 4 Glieder ⟨und⟩ 3 Glieder; beidesmal halbiere es; ⟨mit der Summe⟩ verkleinere die 9 Glieder; der Rest ist der Divisor. Teile den Dividenden durch den Divisor. Du erhältst ⟨es in⟩ Shêng. Dann ist es der gegenseitige Abstand der Stufen. Der untere Koeffizient $1^1/_3$ Shêng ist der Inhalt des Gliedes von unten[3]).

[1]) T.: Knotenabstände.
[2]) Chün yung ko to shao = gerecht - Inhalt - jeder - viel - wenig. Dies ist der einzige Hinweis auf die arithmetische Folge.
[3]) Die Herleitung der Regel ist geometrisch denkbar (s. Fig. 16). Trägt man die 9 Bambusglieder (d. h. ihren in arithmetischer Reihe abnehmenden Inhalt) nebeneinander senkrecht auf eine Achse in gleichen Abständen auf, dann ist AB der Mittelwert („Koeffizient") $^4/_3$ für die unteren 3 Glieder, CD der Mittelwert $^3/_4$ für die oberen 4 Glieder. Zwischen B und D sind es $9 - (4 + 3)/2 = 5^1/_2$ Abschnitte. Also enthält auch BE $5^1/_2$ Reihendifferenten; demnach ist $d = {}^7/_{12} : 5^1/_2 = {}^7/_{66}$.

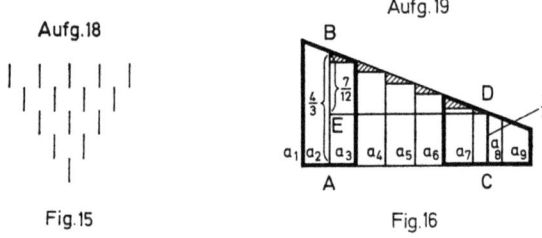

Fig. 15   Fig. 16

20. Jetzt hat man ⟨folgende Aufgabe⟩: Eine Wildente steigt am südlichen Meer auf ⟨und⟩ erreicht in 7 Tagen das nördliche Meer. Eine Wildgans steigt am nördlichen Meer auf ⟨und⟩ erreicht in 9 Tagen das südliche Meer. Jetzt steigen Wildente ⟨und⟩ Wildgans zusammen auf. Frage: ⟨Nach⟩ wieviel Tagen treffen sie sich? Die Antwort sagt: $3^{15}/_{16}$ Tage.

Die Regel lautet: Addiere die Zahl der Tage; es ist der Divisor. Die Zahlen der Tage werden miteinander multipliziert; es ist der Dividend. Teile den Dividenden durch den Divisor. Du erhältst ⟨es in⟩ Tagen[1]).

21. Jetzt hat man ⟨folgenden Fall⟩: A bricht von Changan auf ⟨und⟩ erreicht ⟨das Fürstentum⟩ Ch'i in 5 Tagen. B bricht von Ch'i auf ⟨und⟩ erreicht in 7 Tagen Changan. Jetzt war B bereits 2 Tage früher aufgebrochen ⟨als⟩ A, der dann erst von Changan aufbrach. Frage: ⟨Nach⟩ wieviel Tagen treffen sie sich? Die Antwort sagt: ⟨Nach⟩ $2^1/_{12}$ Tagen.

Die Regel lautet: Addiere 5 Tage ‹und› 7 Tage; nimm ‹es› als Divisor. ‹Um› die 2 Tage, ‹die› B vorher aufgebrochen war, vermindere die 7 Tage. ‹Es ergibt sich ein› Rest. Damit multipliziere die Zahl der Tage von A. Es ist der Dividend. Teile den Dividenden durch den Divisor. Du erhältst ‹es in› Tagen[2]).

[1]) Die beiden Tagesleistungen sind $1/7 + 1/9$ des Weges, also Zahl der Tage $63/16$.
[2]) Nach 2 Tagen sind noch $1 - 2/7$ des Weges zurückzulegen. Beide zusammen machen im Tag $12/35$ des Weges; also Zahl der Tage $(7-2)/7$: $12/35 = 5 \cdot 5 : 12$.

22. Jetzt hat man ‹folgenden Fall›: 1 Mann macht ‹in› 3 Tagen 38 Stück Ziegel einer Art[1]), 1 Mann macht ‹in› 2 Tagen 76 Stück Ziegel einer anderen Art[1]). Jetzt soll 1 Mann ‹in› 1 Tag Ziegel beider Arten machen je zur Hälfte[2]). Frage: Wieviel Ziegel macht er fertig? Die Antwort sagt: $25^1/_2$ Stück.

Die Regel lautet: Addiere ‹die Ziegelzahlen› beider Arten. ‹Die Summe› ist der Divisor. Multipliziere ‹die Anzahl› beider Arten miteinander. ‹Das Produkt› ist der Dividend. Teile den Dividenden durch den Divisor. Du erhältst ‹es in› Stück[3]).

23. Jetzt hat man ‹folgenden Fall›: 1 Mann ‹macht in› 1 Tag 50 Pfeilschäfte; 1 Mann ‹macht in› 1 Tag 30 Pfeilbefiederungen; 1 Mann ‹macht in› 1 Tag 15 Endstücke für Pfeile. Jetzt soll 1 Mann ‹in› 1 Tag allein[4]) ‹sowohl› Schäfte ‹wie› Befiederungen ‹und› Endstücke ‹machen›. Frage: Wieviel Pfeile stellt es fertig? Die Antwort sagt: $8^1/_3$ Pfeile.

Die Regel lautet: ‹Für› 50 Pfeilschäfte ‹täglich› braucht man nur 1 Mann; ‹für› 50 Pfeilbefiederungen ‹täglich› braucht man nur $1^2/_3$ Mann; ‹für› 50 Pfeilendstücke ‹täglich› braucht man nur $3^1/_3$ Mann. Addiere es; man erhält 6 Mann. Nimm es als Divisor. Nimm 50 Pfeile als Dividend. Teile den Dividenden durch den Divisor. Du erhältst ‹es in› Pfeilen[5]).

[1]) Im Text werden es „männliche" und „weibliche" Ziegel genannt.
[2]) T.: abwechselnd ein Halbes.
[3]) Die Lösung $38 \cdot 76 : (38 + 76)$ ist unrichtig. Nimmt man die Methode der Aufgabe 23, dann macht 1 Mann je 76 Ziegel in 8 Tagen, also in 1 Tag $76 : 8 = 9^1/_2$ Ziegel.
[4]) T.: selbst.
[5]) Für 50 ganze Pfeile pro Tag braucht man $1 + 1^2/_3 + 3^1/_3 = 6$ Leute. Also macht 1 Mann $50 : 6 = 8^1/_3$ ganze Pfeile im Tag.

24. Jetzt hat man ‹folgende Aufgabe›: Man hat ein Feld verpachtet. Zuerst verpachtete man es jährlich ‹um› 1 Geldstück ‹für›

3 Mou; im nächsten Jahr ⟨um⟩ 1 Geldstück ⟨für⟩ 4 Mou; im folgenden Jahr ⟨um⟩ 1 Geldstück ⟨für⟩ 5 Mou. ⟨Für die⟩ 3 Jahre erhielt man 100 ⟨Geldstücke⟩. Frage: Wie groß ⟨war⟩ das Feld? Die Antwort sagt: 1 Ch'ing $27^{31}/_{47}$ Mou.

Die Regel lautet: Lege hin die Zahl der Mou ⟨und⟩ die Zahl des Geldes. Es soll die Zahl der Mou der Reihe nach mit der Zahl der Geldstücke multipliziert werden[1]). Addiere. Nimm es als Divisor. Die Zahlenwerte für die Mou werden miteinander multipliziert; ferner multipliziere es mit den 100 Geldstücken, ⟨das Produkt⟩ ist der Dividend. Teile den Dividenden durch den Divisor. Du erhältst ⟨es in⟩ Mou[2]).

[1]) Zum „der Reihe nach Multiplizieren" und „miteinander Multiplizieren" bei der Addition von Brüchen vgl. die Regel bei II, 9 sowie S. 109 f.
[2]) Die Regel ergibt sich aus $100 : (^1/_3 + ^1/_4 + ^1/_5)$.

25. Jetzt hat man eine Feldarbeit[1]); 1 Mann gräbt ⟨in⟩ 1 Tag 7 Mou um; 1 Mann pflügt ⟨in⟩ 1 Tag 3 Mou; 1 Mann eggt ⟨und⟩ besät ⟨in⟩ 1 Tag 5 Mou. Jetzt soll 1 Mann allein[2]) ⟨in⟩ 1 Tag aufgraben, pflügen, eggen ⟨und⟩ aussäen. Frage: Wieviel ⟨vom⟩ Feld bringt er in Ordnung? Die Antwort sagt: 1 Mou $114^{66}/_{71}$ Pu.

Die Regel lautet: Lege hin die Zahl der umgegrabenen, gepflügten ⟨und⟩ geeggten Mou. Sie sollen der Reihe nach mit der Zahl der Leute multipliziert werden. Addiere. Nimm es als Divisor. Die Zahlenwerte der Mou werden miteinander multipliziert; es ist der Dividend. Teile den Dividenden durch den Divisor. Du erhältst ⟨es in⟩ Mou[3]).

[1]) T.: Beschäftigung mit Pflügen.
[2]) T.: selbst.
[3]) Für 1 Mou braucht man $^1/_7 + ^1/_3 + ^1/_5 = ^{71}/_{105}$ Tag, also sind es im Tag $^{105}/_{71} = 1^{34}/_{71}$ Mou. — Es wird nicht mit der „Zahl der Leute", sondern mit den Nennern der reziproken Tagesleistungen multipliziert.

26. Jetzt hat man einen Teich; 5 Kanäle führen ihm Wasser zu. Öffnet man von ihnen 1 Kanal, ⟨dann bekommt man in⟩ $^1/_3$ Tag 1 Füllung, ⟨beim⟩ nächsten ⟨in⟩ 1 Tag 1 Füllung, ⟨beim⟩ nächsten ⟨in⟩ $2^1/_2$ Tagen 1 Füllung, ⟨beim⟩ nächsten ⟨in⟩ 3 Tagen 1 Füllung ⟨und beim⟩ nächsten ⟨in⟩ 5 Tagen 1 Füllung. Jetzt öffnet man sie alle ⟨gleichzeitig⟩. Frage: In wieviel Tagen füllen sie den Teich? Die Antwort sagt: ⟨In⟩ $^{15}/_{74}$ Tagen.

Die Regel lautet: Jedesmal lege hin die Menge dessen, was die Kanäle ‹in› 1 Tag ‹an der› Füllung des Teiches ‹leisten›. Addiere ‹und› nimm ‹die Summe› als Divisor. Nimm 1 Tag als Dividend. Teile den Dividenden durch den Divisor. Du erhältst ‹es in› Tagen. Dies ‹ist› 1 ‹andere› Regel: Lege hin der Reihe nach die Zahl der Tage sowie die Anzahl der Füllungen[1]). Es sollen die Tage der Reihe nach multipliziert werden[2]). Nimm es als Divisor. Die Zahl der Tage miteinander multipliziert ist der Dividend. Teile den Dividenden durch den Divisor. Du erhältst ‹es in› Tagen[3]).

[1]) Die Anzahl der Füllungen kommen bei dieser 2. Regel nicht vor.
[2]) T.: „Es sollen die Tage der Reihe nach miteinander die Füllungen multiplizieren." Hier geben die Worte „miteinander" und „Füllungen" keinen Sinn. Offenbar sind die zwei Operationen für das Addieren von Brüchen durcheinander gekommen (s. S. 109).
[3]) Die 1. Regel rechnet $1 : (3 + 1 + 2/5 + 1/3 + 1/5) = 15/74$.
Die 2. Regel rechnet dasselbe umständlicher als $(1/3 \cdot 1 \cdot 2\frac{1}{2} \cdot 3 \cdot 5) : (1 \cdot 2\frac{1}{2} \cdot 3 \cdot 5 + 1/3 \cdot 2\frac{1}{2} \cdot 3 \cdot 5 + 1/3 \cdot 1 \cdot 3 \cdot 5 + 1/3 \cdot 1 \cdot 2\frac{1}{2} \cdot 5 + 1/3 \cdot 1 \cdot 2\frac{1}{2} \cdot 3) = 15/74$.

27. Jetzt hat man ‹folgenden Fall›: Ein Mann hat Reis bei sich. Er geht aus 3 Zollschranken heraus. ‹An der› äußeren Zollschranke wird $1/3$ weggenommen[1]), ‹an der› mittleren Schranke wird $1/5$ weggenommen, ‹an der› inneren Schranke wird $1/7$ weggenommen. Der Rest an Reis ‹war› 5 Tou. Frage: Wieviel Reis hatte er am Anfang? Die Antwort sagt: 10 Tou $9^{3}/_{8}$ Shêng.
Die Regel lautet: Lege hin die 5 Tou Reis; nimm das, was die Taxe war[2]), verdreifache es, verfünffache es ‹und› versiebenfache es[3]); ‹das Produkt› ist der Dividend. Nimm die Reste, die nicht abgegeben wurden[4]); 2, 4 ‹und› 6 werden der Reihe nach miteinander multipliziert; es ist der Divisor. Teile den Dividenden durch den Divisor. Du erhältst ‹es in› Tou[5]).

28. Jetzt hat man ‹folgenden Fall›: Ein Mann hat Gold bei sich. Er geht aus 5 Zollschranken heraus. ‹An der› ersten Schranke wird $1/2$ weggenommen[6]), ‹an der› nächsten $1/3$, ‹an der› nächsten $1/4$, ‹an der› nächsten $1/5$, ‹an der› nächsten $1/6$. Zusammen ‹war das›, was ‹an den› 5 Schranken weggenommen wurde, gerade 1 Pfund schwer. Frage: Wieviel Gold hatte er am Anfang bei sich? Die Antwort sagt: 1 Pfund 3 Unzen $4^{4}/_{5}$ Chu.
Die Regel lautet: Lege 1 Pfund hin; ‹mit dem›, was ein Hauptnenner für die Abgaben ‹wäre›[7]), damit multipliziere es. ‹Das Pro-

dukt› ist der Dividend. Ferner bilde das Produkt aus dem, was nicht abgegeben wurde[8]); damit verkleinere den Hauptnenner. Der Rest ist der Divisor. Teile den Dividenden durch den Divisor. Du erhältst ‹es in› Pfund[9]).

[1]) Wie oben (Aufg. 15): „3 und genommen 1".
[2]) Nicht die Taxe, sondern die 5 Tou werden multipliziert.
[3]) Die Zahlen 3, 5 und 7 mit dem Akkusativobjekt „es" sind Verba (s. S. 111).
[4]) T.: Pu shui = Nicht-Taxe.
[5]) Rechnung: $(5 \cdot 3 \cdot 5 \cdot 7):(2 \cdot 4 \cdot 6) = 10^{15}/_{16}$ Tou. Wir würden ansetzen: $x \cdot {}^2/_3 \cdot {}^4/_5 \cdot {}^6/_7 = 5$.
[6]) T.: êrh êrh shui i = 2 und Taxe 1.
[7]) Die Abgaben $1/_2$, $1/_3$, $1/_4$, $1/_5$ und $1/_6$ werden hier nicht addiert; aber das Produkt $2 \cdot 3 \cdot 4 \cdot 5 \cdot 6$ wäre ein Hauptnenner für die Brüche gewesen.
[8]) T.: „hauptnennere" diese Nicht-Taxen (s. S. 110).
[9]) Das Rezept ist: $1 \cdot (2 \cdot 3 \cdot 4 \cdot 5 \cdot 6):(2 \cdot 3 \cdot 4 \cdot 5 \cdot 6 - 1 \cdot 2 \cdot 3 \cdot 4 \cdot 5) =$ $= {}^6/_5$. Wir würden rechnen: $x \cdot (1 - {}^1/_2 \cdot {}^2/_3 \cdot {}^3/_4 \cdot {}^4/_5 \cdot {}^5/_6) = 1$.

Buch VII

Überschuß und Fehlbetrag[1])

1. Jetzt hat man gemeinschaftlich eine Sache gekauft. Gibt der Mann ‹je› 8 ‹Geldstücke› aus, ‹dann ist› der Überschuß 3; gibt der Mann ‹je› 7 aus, ‹dann ist› der Fehlbetrag 4. Frage: Wieviel ‹ist› jedes, die Zahl der Leute ‹und› der Preis der Sache? Die Antwort sagt: ‹Es sind› 7 Leute. Der Preis der Sache ‹ist› 53[2]).

2. Jetzt hat man gemeinschaftlich ein Huhn gekauft. Gibt der Mann ‹je› 9 aus, ‹dann ist› der Überschuß 11; gibt der Mann ‹je› 6 aus, ‹dann ist› der Fehlbetrag 16. Frage: Wieviel ‹ist› jedes, die Zahl der Leute ‹und› der Preis des Huhns? Die Antwort sagt: ‹Es sind› 9 Leute. Der Preis des Huhnes ‹ist› 70[3]).

3. Jetzt hat man gemeinschaftlich einen „Chin"-Stein gekauft. Gibt der Mann ‹je› $1/_2$ aus, ‹dann ist› der Überschuß 4; gibt der Mann ‹je› $1/_3$ aus, ‹dann ist› der Fehlbetrag 3. Frage: Wieviel ‹ist› jedes, die Zahl der Leute ‹und› der Preis des Steines? Die Antwort sagt: ‹Es sind› 42 Leute. Der Preis des Steines ‹ist› 17[4]).

4. Jetzt hat man gemeinsam ein Rind gekauft. Geben 7 Familien zusammen ‹je› 190 aus, ‹dann ist› der Fehlbetrag 330; geben 9 Familien zusammen ‹je› 270 aus, ‹dann ist› der Überschuß 30. Frage: Wieviel ‹ist› jedes, die Zahl der Familien ‹und› der Preis

des Rindes? Die Antwort sagt: ⟨Es sind⟩ 126 Familien. Der Preis des Rindes ⟨ist⟩ 3750[5]).

[1]) T.: Ying pu tsu* (ying = überfließen, Überschuß, pu = nicht, tsu = genügend), also: „Überschuß – nicht reicht es."
[2]) Zur Herleitung der Regeln s. u. S. 128 f. Nach der 1. Regel ist die Zahl der Leute $(3+4):(8-7) = 7$ und der Preis $(8 \cdot 4 + 7 \cdot 3):(8-7) = 53$. – Nach der 2. Regel ist die Berechnung für die Zahl der Leute dieselbe, der Preis aber entweder $7 \cdot 8 - 3$ oder $7 \cdot 7 + 4 = 53$.
[3]) Zahl der Leute: $(11+16):(9-6) = 9$; Preis: $(9 \cdot 16 + 6 \cdot 11):(9-6) = 9 \cdot 9 - 11 = 9 \cdot 6 + 16 = 70$.
[4]) Zahl der Leute: $(4+3):(1/2 - 1/3) = 42$; Preis des Steines: $(1/2 \cdot 3 - 1/3 \cdot 4):(1/2 - 1/3) = 42 \cdot 1/2 - 4 = 42 \cdot 1/3 + 3 = 17$.
[5]) Zahl der Familien: $(330+30):(270/9 - 190/7) = 126$; Preis des Rindes: $(190/7 \cdot 30 + 270/9 \cdot 330):(270/9 - 190/7) = 126 \cdot 190/7 + 330 = 126 \cdot 270/9 - 30 = 3750$.

Überschuß und Fehlbetrag

Die Regel lautet: Überschuß und Fehlbetrag miteinander ergeben die gemeinsam gekaufte Sache. Lege hin die ⟨angenommenen⟩ Beträge, die ausgegeben wurden; setze unter sie beides, den Überschuß ⟨und⟩ den Fehlbetrag. Es sollen über Kreuz[1]) multipliziert werden die Beträge, die ausgegeben wurden. Addiere[2]). Nimm es als „Dividend". Addiere Überschuß ⟨und⟩ Fehlbetrag; es ist der „Divisor"[3]). Hat man Brüche, ⟨dann⟩ bringe sie auf einen Hauptnenner. Dann lege die ausgegebenen Beträge hin ⟨und⟩ vermindere das größere um das kleinere, ⟨es ergibt sich⟩ ein Rest. Damit dividiere den „Divisor" ⟨und⟩ den „Dividenden". Der ⟨dividierte⟩ „Dividend" ⟨ist⟩ der Preis der Sache, der ⟨dividierte⟩ „Divisor" ⟨ist⟩ die Zahl der Leute.[4])

Eine andere Regel[5]) sagt: Addiere Überschuß ⟨und⟩ Fehlbetrag; es ist der Dividend. Nimm die Beträge, die ausgegeben wurden; um das kleinere vermindere das größere; der Rest ist der Divisor. Teile den Dividenden durch den Divisor. Du erhältst die ⟨Zahl der⟩ Leute[6]). Multipliziere diese mit ⟨einem der⟩ Beträge, die ausgegeben wurden. Nimm weg den Überschuß ⟨oder⟩ vermehre den Fehlbetrag[7]); dann ⟨gibt es den⟩ Preis der Sache.

[1]) Wei = zusammenbinden.
[2]) Nimmt man „die Beträge, die ausgegeben wurden" als die Versuchszahlen a_1 und a_2 ($a_1 > a_2$), ferner f_1 als Überschuß und f_2 als Fehlbetrag, dann steht da: $\begin{array}{cc} a_1 & a_2 \\ f_1 & f_2 \end{array}$ und es wird gebildet $a_1 f_2 + a_2 f_1$; dies ist der „Dividend".

³) Der „Divisor" ist $f_1 + f_2$.
⁴) Der Preis ist also: $(a_1f_2 + a_2f_1):(a_1 - a_2)$ und die Zahl der Leute $(f_1 + f_2):(a_1 - a_2)$. Ist $a_1 - a_2 = 1$ (wie in Aufg. 1), dann gibt $(a_1f_2 + a_2f_1):(f_1 + f_2)$ bereits den Anteil, für den die falschen Annahmen a_1 und a_2 gemacht wurden.
⁵) T.: Ch'i i shu = diese 1 Regel.
⁶) Wie bei der 1. Regel.
⁷) Ist N die Zahl der Leute, dann ist der Preis entweder $N \cdot a_1 - f_1$ oder $N \cdot a_2 + f_2$.

5. Jetzt hat man gemeinsam Gold gekauft. Gibt der Mann ⟨je⟩ 400 aus, ⟨dann ist der⟩ Überschuß 3400; gibt der Mann ⟨je⟩ 300 aus, ⟨dann ist der⟩ Überschuß 100. Frage: Wieviel ⟨ist⟩ jedes, die Zahl der Leute ⟨und⟩ der Preis des Goldes? Die Antwort sagt: ⟨Es sind⟩ 33 Leute. Der Preis des Goldes ⟨ist⟩ 9800¹).

6. Jetzt hat man gemeinsam ein Schaf gekauft. Gibt der Mann ⟨je⟩ 5 aus, ⟨dann ist der⟩ Fehlbetrag 45; gibt der Mann ⟨je⟩ 7 aus, ⟨dann ist der⟩ Fehlbetrag 3. Frage: Wieviel ⟨ist⟩ jedes, die Zahl der Leute ⟨und⟩ der Preis des Schafes? Die Antwort sagt: ⟨Es sind⟩ 21 Leute. Der Preis des Schafes ⟨ist⟩ 150²).

Beides ⟨ist⟩ Überschuß – Beides ⟨ist⟩ Fehlbetrag

Die Regel lautet: Beide Überschüsse ⟨oder⟩ beide Fehlbeträge miteinander ergeben die gemeinsam gekaufte Sache. Lege hin die ⟨angenommenen⟩ Beträge, die ausgegeben wurden; setze unter sie beide Überschüsse ⟨oder⟩ Fehlbeträge. Es sollen über Kreuz multipliziert werden die Beträge, die ausgegeben wurden. Um das kleinere vermindere das größere. Der Rest ist der „Dividend". Mit dem kleineren von beiden Überschüssen ⟨oder⟩ beiden Fehlbeträgen vermindere den größeren. Der Rest ist der „Divisor". Hat man Brüche, ⟨dann⟩ bringe sie auf den Hauptnenner. Dann lege die ausgegebenen Beträge hin ⟨und⟩ vermindere das größere um das kleinere. ⟨Es ergibt sich ein⟩ Rest. Damit dividiere den „Divisor" ⟨und⟩ den „Dividenden". Der ⟨dividierte⟩ „Dividend" ist der Preis der Sache, der ⟨dividierte⟩ „Divisor" ist die Zahl der Leute.

Eine andere Regel sagt: Lege hin die Beträge, die ausgegeben wurden; um das kleinere vermindere das größere; der Rest ist der Divisor. Mit dem kleineren von beiden Überschüssen ⟨oder⟩ Fehlbeträgen vermindere den größeren; der Rest ist der Dividend. Teile den Dividenden durch den Divisor; du erhältst die Zahl der Leute. Multipliziere diese mit ⟨einem der⟩ Beträge, die ausgegeben wurden. Subtrahiere ‹von dem Produkt› die Überschüsse ‹oder› addiere die Fehlbeträge, dann ‹ist es› der Preis der Sache[3]).

[1]) Zahl der Leute: $(3400 - 100) : (400 - 300)$.
 Preis nach der 1. Regel $(300 \cdot 3400 - 400 \cdot 100) : (400 - 300)$;
 nach der 2. Regel: $33 \cdot 400 - 3400 = 9800$ oder $33 \cdot 300 - 100 = 9800$.
[2]) Zahl der Leute: $(45 - 3) : (7 - 5)$.
 Preis nach der 1. Regel: $(7 \cdot 45 - 5 \cdot 3) : (7 - 5)$;
 nach der 2. Regel: $21 \cdot 5 + 45 = 21 \cdot 7 + 3 = 150$.
[3]) Die Regeln ergeben sich aus denen für „Überschuß-Fehlbetrag", wenn man f_2 durch $-f_2$ (bei Überschuß) und f_1 durch $-f_1$ (bei Fehlbetrag) ersetzt.

7. Jetzt hat man gemeinsam ein Schwein gekauft. Gibt der Mann ‹je› 100 aus, ‹dann ist der› Überschuß 100; gibt der Mann ‹je› 90 aus, ‹dann ist es› gerade genügend. Frage: Wieviel ‹ist› jedes, die Zahl der Leute ‹und› der Preis des Schweines? Die Antwort sagt: ‹Es sind› 10 Leute. Der Preis des Schweines ‹ist› 900[1]).

8. Jetzt hat man gemeinsam einen Hund gekauft. Gibt der Mann ‹je› 5 aus, ‹dann ist der› Fehlbetrag 90; gibt der Mann ‹je› 50 aus, ‹dann ist es› gerade genügend. Frage: Wieviel ‹ist› jedes, die Zahl der Leute ‹und› der Preis des Hundes? Die Antwort sagt: ‹Es sind› 2 Leute. Der Preis des Hundes ‹ist› 100[2]).

Überschuß - gerade genügend ‹oder› Fehlbetrag - gerade genügend

Die Regel lautet: Nimm den Betrag des Überschusses oder des Fehlbetrages; es ist der Dividend. Lege hin die Beträge, die ausgegeben wurden; um das kleinere vermindere das größere; der Rest ist der Divisor. Teile den Dividenden durch den Divisor. Du erhältst die Leute. Sucht man den Preis dieser Sache, ‹dann› multipliziere die Zahl der Leute mit ‹der Einzahlung, mit der es› gerade genügend ‹war›. Du erhältst den Preis der Sache[3]).

[1]) Zahl der Leute: $100 : (100 - 90)$; Preis: $10 \cdot 90$.
[2]) Zahl der Leute: $90 : (50 - 5)$; Preis: $2 \cdot 50$.
[3]) Setzt man $f_2 = 0$, dann ist die Zahl der Leute $f_1 : (a_1 - a_2)$ und der Preis $[f_1 : (a_1 - a_2)] \cdot a_2$. Ist $f_1 = 0$, dann ergibt sich als Zahl der Leute $f_2 : (a_1 - a_2)$ und als Preis $[f_2 : (a_1 - a_2)] \cdot a_2$.

9. Jetzt hat man ‹folgenden Fall›: Getreide ist vorhanden in einem Faß von 10 Tou; man kennt seine Menge nicht. Man füllt es auf,

‹indem man› Grundhirse hineingibt, und sie reinigt. Man erhält 7 Tou ‹geschälte› Hirse. Frage: Wieviel Getreide ‹war es› am Anfang? Die Antwort sagt: 2 Tou 5 Shêng.
Die Regel lautet: Mit der Regel Überschuß-Fehlbetrag suche es! Angenommen[1]), es sollen zuerst 2 Tou ‹sein, dann ist› der Fehlbetrag 2 Shêng; ‹angenommen› es sollen 3 Tou ‹sein, dann› hat man einen Überschuß[2]) ‹von› 2 Shêng[3]).

[1]) T.: Chia = falsch, behaupten.
[2]) T.: Yü = Rest, Überschuß.
[3]) Aus der Lösung ersieht man, daß die zuerst im Faß vorhandene Menge x des Getreides (mi) nicht auch mitgereinigt wurde und daß die zugegebenen $10-x$ Tou Grundhirse zu geschälter Hirse (Meßzahl 30) gereinigt wurde (statt li mi steht auch nur mi!). Es ist also: $x + {}^{30}/_{50} \cdot (10-x) = 7$. Für $x_1 = 2$ und $x_2 = 3$ werden sowohl Überschuß wie Fehlbetrag $^2/_{10}$ Tou = 2 Shêng. – Eine Regel für die mit dieser Aufgabe beginnende 2. Gruppe des falschen Ansatzes erscheint erst in den Aufgaben 18 und 19.

10. Jetzt hat man eine Wand 9 Fuß hoch. Eine Melone wächst ‹an› dieser ‹nach› oben kriechend ‹und wird dabei› täglich 7 Zoll länger. Ein Kürbis wächst ‹an› ihr ‹nach› unten kriechend ‹und wird dabei› täglich 1 Fuß länger. Frage: In wieviel Tagen treffen sie zusammen ‹und› wie lang ‹ist dann› jedes, die Melone ‹und› der Kürbis? Die Antwort sagt: ‹Es sind› $5^5/_{17}$ Tage. Länge der Melone: 3 Fuß $7^1/_{17}$ Zoll. Länge des Kürbis: 5 Fuß $2^{16}/_{17}$ Zoll. Die Regel sagt: Angenommen, es sollen 5 Tage ‹sein, dann ist der› Fehlbetrag 5 Zoll; ‹angenommen› es sollen 6 Tage ‹sein, dann› hat man einen Überschuß[2]) 1 Fuß 2 Zoll[1]).

11. Jetzt hat man ‹folgenden Fall›: Eine Binse wächst ‹am› 1. Tag[2]) ‹um eine› Länge ‹von› 3 Fuß; ein Riedgras wächst ‹am› 1. Tag ‹um eine› Länge ‹von› 1 Fuß. Die Binse wächst täglich die Hälfte ihres[3]) ‹Zuwachses vom Tag zuvor›, das Riedgras wuchs täglich das Doppelte seines[3]) ‹Zuwachses vom Tag zuvor›. Frage: In wieviel Tagen ‹sind sie gleich lang› und ‹wie groß ist› die gleiche Länge?[4]) Die Antwort sagt: ‹Es sind› $2^6/_{13}$ Tage. Jede Länge ‹ist› 4 Fuß $8^6/_{13}$ Zoll.

Die Regel lautet: Angenommen, es sollen 2 Tage ‹sein, dann ist der› Fehlbetrag 1 Fuß 5 Zoll; ‹angenommen› es sollen 3 Tage ‹sein, dann› hat man einen Überschuß[2]) ‹von› 1 Fuß 7 Zoll ‹und› ein halbes[5]).

[1]) Rechnung: $(5 \cdot 12 + 6 \cdot 5) : (5 + 12)$.

²) T.: 1 Tag Länge 3 Fuß.
³) T.: „Tag selbst halbieren" bzw. „Tag selbst verdoppeln".
⁴) T.: „Wieviele Tage und Nächte gleich".
⁵) Rechnung: $(2 \cdot 1^3/_4 + 3 \cdot 1^1/_2) : (1^1/_2 + 1^3/_4) = 2^6/_{13} \approx 2{,}4615$. Da der falsche Ansatz nur für lineare (und rein quadratische) Probleme gilt, liegt eine Näherungslösung vor. Genau wäre $\log 6 : \log 2 \approx 2{,}5848$.– Für den letzten Tag wurde linear interpoliert (wie in der nächsten Aufgabe).

12. Jetzt hat man eine Wand, 5 Fuß dick. Zwei Ratten graben sich gegeneinander ‹durch die Wand; dabei macht› die große Ratte am ‹ersten› Tag 1 Fuß; die kleine Ratte ‹macht› ebenfalls am ‹ersten› Tag 1 Fuß. Die große Ratte ‹macht jetzt an jedem› Tag das Doppelte¹), die kleine Ratte ‹an jedem› Tag die Hälfte ‹der Leistung vom Vortag›. Frage: In wieviel Tagen treffen sie sich ‹und› wieviel hat jede gegraben? Die Antwort sagt: ‹Es sind› $2^2/_{17}$ Tage. Die große Ratte gräbt 3 Fuß $4^{12}/_{17}$ Zoll. Die kleine Ratte gräbt 1 Fuß $5^5/_{17}$ Zoll.

Die Regel lautet: Angenommen es sollen 2 Tage ‹sein, dann hat man einen› Fehlbetrag ‹von› 5 Zoll; ‹angenommen› es sollen 3 Tage ‹sein, dann› hat man einen Überschuß ‹von› 3 Fuß 7 Zoll ‹und› einen halben. Die große Ratte ‹macht› am Tag das Doppelte ‹wie tags zuvor; die Leistung von› 2 Tagen wird addiert; sie gräbt sich 3 Fuß vor. Die kleine Ratte ‹macht› am Tag die Hälfte¹) ‹wie tags zuvor; die beiden Tagesleistungen werden› addiert; sie gräbt 1 Fuß 5 Zoll ‹in 2 Tagen vorwärts›. Zu dem, was die große Ratte gegraben hat, addiere 1 Fuß 5 Zoll. Das Ergebnis²) macht gegenüber der Dicke der Wand, die vollständig 5 Fuß ‹ist›, einen Fehlbetrag ‹von› 5 Zoll. ‹Angenommen›, es sollen 3 Tage sein. ‹Für› die Grabung der großen Ratte erhält man 7 Fuß, ‹für› die Grabung der kleinen Ratte erhält man 1 Fuß 7 Zoll und einen halben; addiere es ‹und› vermindere damit die 5 Fuß der Wanddicke! ‹Dann› hat man einen Überschuß ‹von› 3 Fuß 7 Zoll ‹und› einem halben. Suche es mit der Regel „Überschuß-Fehlbetrag", dann ‹hat man› das Ergebnis. Mit dem, was am nächsten Tag³) gegraben worden wäre, multipliziere den Zähler des Tagesbruchteiles ‹und› dividiere ‹das Produkt› durch den Nenner des Tagesbruchteiles⁴), dann erhält man ‹für› jeden, das was im Bruchteil⁵) des ‹dritten› Tages gegraben wurde. Weiterhin addiere für jede ‹Ratte› das was ‹in den› 2 Tagen ‹vorher› genau gegraben wurde; dann ‹ist die› Summe das, was gefragt war⁶).

¹) T.: „Tag selbst verdoppeln" bzw. „Tag selbst halbieren".

²) T.: K'o = Aufgabe, examinieren.
³) T.: „folgender 1 Tag".
⁴) Der „Tagesbruchteil" für den 3. Tag ist $^2/_{17}$.
⁵) T.: „Zähler des Tagesbruches".
⁶) Rechnung: $(2 \cdot 37^1/_2 + 3 \cdot 5) : (5 + 37^1/_2) = 2^2/_{17}$ (Tage). – Der Weg am 3. Tage wäre 4 bzw. $^1/_4$ Fuß; in $^2/_{17}$ Tagen sind es dann $4 \cdot ^2/_{17}$ bzw. $^1/_4 \cdot ^2/_{17}$ Fuß. Genau wären es $t = [\log(2 + \sqrt{8})] : \log 2$ Tage.

13. Jetzt hat man ⟨folgende Aufgabe⟩: 1 Tou guter Wein kostet 50 Geldstücke; 1 Tou verdünnter Wein kostet 10 Geldstücke. Jetzt erhält man ⟨für⟩ 30 Geldstücke 2 Tou Wein. Frage: Wieviel erhält man von jedem, dem guten ⟨und⟩ dem verdünnten Wein? Die Antwort sagt: ⟨Es sind⟩ 2 Shêng ⟨und⟩ ein halbes guter Wein. ⟨Es sind⟩ 1 Tou 7 Shêng ⟨und⟩ ein halbes verdünnter Wein.
Die Regel lautet: Angenommen es sollen 5 Shêng guter Wein ⟨sein, dann ist es⟩ 1 Tou 5 Shêng an verdünntem Wein; ⟨und⟩ man hat einen Überschuß ⟨von⟩ 10 ⟨Geldstücken. Angenommen⟩ es sollen 2 Shêng guter Wein ⟨sein, dann beträgt⟩ der verdünnte Wein 1 Tou 8 Shêng ⟨und man hat einen⟩ Fehlbetrag ⟨von⟩ 2 ⟨Geldstücken⟩¹).

¹) Rechnung: $(5 \cdot 2 + 2 \cdot 10) : (10 + 2)$.

14. Jetzt hat man ⟨folgenden Fall⟩: 5 große Gefäße ⟨und⟩ 1 kleines Gefäß enthalten ⟨zusammen⟩ 3 Hu; 1 großes Gefäß ⟨und⟩ 5 kleine Gefäße enthalten ⟨zusammen⟩ 2 Hu. Frage: Wieviel enthält jedes, das große ⟨und⟩ das kleine Gefäß? Die Antwort sagt: Das große Gefäß enthält $^{13}/_{24}$ Hu. Das kleine Gefäß ⟨enthält⟩ $^7/_{24}$ Hu.
Die Regel lautet: Angenommen es soll das große Gefäß 5 Tou, das kleine Gefäß ebenfalls 5 Tou ⟨enthalten, dann ist der⟩ Überschuß 10 Tou. ⟨Angenommen⟩ es soll das große Gefäß 5 Tou 5 Shêng, das kleine Gefäß 2 Tou 5 Shêng ⟨enthalten, dann entsteht ein⟩ Fehlbetrag ⟨von⟩ 2 Tou¹).

¹) Nimmt man für das große Gefäß 5 Tou, dann hat das kleinere 30—25, also auch 5 Tou; es folgt aus der zweiten Angabe ein Zuviel um 10 Tou. Bei der anderen Annahme ($5^1/_2$ und $2^1/_2$ Tou) gibt es um 2 Tou zu wenig. Rechnung: $(5 \cdot 2 + 5^1/_2 \cdot 10) : (10 + 2)$ Shêng $= ^{13}/_{24}$ Hu.

15. Jetzt hat man ⟨folgenden Fall: Für⟩ 3 ⟨Teile⟩ Firnis erhält man 4 ⟨Teile⟩ Öl; 4 ⟨Teile⟩ Öl werden ⟨immer⟩ gemischt mit 5 ⟨Teilen⟩ Firnis. Jetzt hat man 3 Tou Firnis; gewünscht wird es soll ⟨davon⟩

ein Teil genommen, ‹gegen› Öl getauscht, zurückgegeben ‹und› dann selbst mit dem Firnisrest gemischt werden. Frage: Wieviel ist jedes, der weggenommene Firnis, das ‹davon› erhaltene Öl ‹und› der Firnis für die Mischung? Die Antwort sagt: Vom Firnis wurde weggenommen 1 Tou $1^1/_4$ Shêng. Man erhält ‹davon› an Öl 1 Tou 5 Shêng. Der Firnis für die Mischung beträgt 1 Tou $8^3/_4$ Shêng.

Die Regel lautet: Angenommen, es sollen 9 Shêng Firnis weggenommen werden, ‹dann entsteht ein› Fehlbetrag ‹von› 6 Shêng; ‹angenommen› es soll 1 Tou 2 Shêng Firnis weggenommen werden, ‹dann› hat man einen Überschuß ‹von› 2 Shêng[1]).

[1]) Werden vom Firnis 9 Shêng abgezweigt (Rest 21 Shêng), so gibt dies 12 Shêng Öl. Diese müssen mit 15 Shêng Firnis gemischt werden; also fehlen 6 Shêng. Zweigt man aber 12 Shêng ab (Rest 18 Shêng), so gibt dies 16 Shêng Öl, wozu 20 Shêng Firnis gehören; also ist der Überschuß 2 Shêng. – Rechnung: $(9 \cdot 2 + 12 \cdot 6) : (2 + 6) = 11^1/_4$.

16. Jetzt hat man einen Nephryt‹würfel›; die Kante ‹ist› 1 Zoll, das Gewicht 7 Unzen, ‹ferner› einen Stein‹würfel›, die Kante ‹ist› 1 Zoll, das Gewicht 6 Unzen. Jetzt hat man einen Steinwürfel, ‹dessen› Kante 3 Zoll ‹ist. In seinem› Innern hat man einen aus Nephryt; das gemeinsame Gewicht ‹ist› 11 Pfund. Frage: Wie groß ‹ist› jedes, das Gewicht des Nephryt ‹und› des Steines? Die Antwort sagt: Der Nephryt ‹hat› 14 ‹Kubik›-Zoll, das Gewicht ‹ist› 6 Pfund 2 Unzen. Der Stein ‹hat› 13 ‹Kubik›-Zoll, das Gewicht ‹ist› 4 Pfund 14 Unzen.

Die Regel lautet: Angenommen, es soll alles Nephryt ‹sein, dann ist das Gewicht zu› groß um 13 Unzen. ‹Angenommen› es soll alles Stein ‹sein, dann ist der› Fehlbetrag 14 Unzen. Der Fehlbetrag ist ‹das Volumen des› Nephryt, der Überschuß ist ‹das Volumen› des Steines. Multipliziere jedes mit dem Gewicht von 1 ‹Kubik›-Zoll, ‹dann› erhältst du das Gewicht vom Volumen des Nephryts ‹und› des Steines[1]).

[1]) Als „spezifisches" Gewicht für Nephryt und den gewöhnlichen Stein wird das Gewicht eines Würfels von 1 Zoll Kantenlänge genommen (Nephryt = 7, Stein = 6). Ist N das Volumen des Nephryts im Inneren des Steines, dann gilt die Beziehung $(27-N) \cdot 6 + N \cdot 7 = 176$, hieraus sofort $N = 14$. – Der Text überlegt aber anders: Wäre der ganze Körper aus Nephryt, dann ist das Gewicht 189 statt 176 Unzen, also 13 Unzen zu schwer. Da der Unterschied des spezifischen Gewichts $7-6 = 1$ ist, wird der Fehler dadurch ausgeglichen, daß 13 Kubikzoll

Nephryt durch 13 Kubikzoll Stein ersetzt werden. Entsprechend ist es bei der anderen Annahme. So ist wirklich der Überschuß das Volumen des Steins und der Fehlbetrag gleich dem Volumen des Nephryt.

17. Jetzt hat man ‹folgendes›: Der Preis von 1 Mou gutes Land ‹ist› 300; der Preis von 7 Mou schlechtes Land ‹ist› 500. Jetzt hat man im ganzen gekauft 1 Ch'ing; der Preis ‹war› 1 0000 Geldstücke. Frage: Wie groß ‹war› jedes, das gute ‹und› das schlechte Land? Die Antwort sagt: Das gute Land ‹ist› 12 Mou ‹und› ein halbes. Das schlechte Land ‹ist› 87 Mou ‹und› ein halbes.

Die Regel lautet: Angenommen, es sollen 20 Mou gutes Land ‹und› 80 Mou schlechtes Land ‹sein, dann ist der› Überschuß[1]) $1714^2/_7$ Geldstücke. ‹Angenommen› es sollen 10 Mou gutes Land ‹und› 90 Mou schlechtes Land ‹sein, dann ist der› Fehlbetrag $571^3/_7$ Geldstücke[2]).

[1]) T.: groß.
[2]) Rechnung: $(20 \cdot 571^3/_7 + 10 \cdot 1714^2/_7) : (1714^2/_7 + 571^3/_7) = 12^1/_2$. Eine ähnliche Aufgabe findet sich auch in einem babylonischen Text [15; I 323]; s. auch [24; 106 ff].

18. Jetzt hat man 9 Stücke Gold ‹und› 11 Stücke Silber; man wog es ‹und› das Gewicht ‹war› gerade gleich. Man tauschte von ihnen 1 ‹Stück› aus ‹und die Waagschale mit› Gold ‹wurde um› 13 Unzen leichter. Frage: Wieviel wiegt je 1 Stück vom Gold ‹und› vom Silber? Die Antwort sagt: ‹1 Stück› Gold wiegt 2 Pfund 3 Unzen 18 Chu. ‹1 Stück› Silber wiegt 1 Pfund 13 Unzen 6 Chu.

Die Regel lautet: Angenommen es soll ‹1 Stück› Gold 3 Pfund, ‹somit 1 Stück› Silber $2^5/_{11}$ Pfund wiegen, ‹dann ist der› Fehlbetrag 49 in der rechten Reihe; ‹angenommen› es sollen 2 Pfund Gold sein ‹und somit› $1^7/_{11}$ Pfund Silber, ‹dann ist der› Überschuß 15 in der linken Reihe. Mit jedem Bruchnenner multipliziere die Zahlen, die in diese Reihen hinein ‹geschrieben wurden›. Mit dem Überschuß ‹und› dem Fehlbetrag multipliziere über Kreuz die angenommenen Versuchszahlen[1]). Addiere ‹die Produkte und› nimm ‹die Summe› als Dividend. Addiere Überschuß ‹und› Fehlbetrag; es ist der Divisor. Teile den Dividenden durch den Divisor; du erhältst das Gewicht des Goldes. Mit dem Divisor wird der Nenner des Bruches multipliziert; mit ‹diesem Produkt› dividiere ‹den Dividenden›, man erhält das Gewicht des Silbers. Dividiere es, du erhältst die Bruchteile[2]).

[1]) T.: „Die Beträge, die ausgegeben wurden" (ch'u lü).

²) Ist x das Gewicht eines Stückes Gold, y das eines Stückes Silber, dann gilt nach dem Austausch: $8x + y + {}^{13}/_{16} = 10y + x$. Ist $x = 3$, also: $y = 2{}^5/_{11}$, dann ist $27{}^{47}/_{176}$ um ${}^{49}/_{176}$ kleiner als $27{}^{96}/_{176}$. Bei der 2. Annahme $x = 2$, somit $y = 1{}^7/_{11}$ ist $18{}^{79}/_{176}$ um ${}^{15}/_{176}$ größer als $18{}^{64}/_{176}$. Also: $(3 \cdot 15 + 2 \cdot 49) : (15 + 49) = 2{}^{15}/_{64}$ Pfund = 2 Pfund 3 Unzen 18 Chu. Für Silber ergibt sich $143 : (64 \cdot {}^{11}/_9) = {}^{117}/_{64}$ Pfund = 1 Pfund 13 Unzen 6 Chu. Dabei ist ${}^{11}/_9$ als „Nenner des Bruches bezeichnet." Tatsächlich ist $y = x/({}^{11}/_9)$.

19. Jetzt hat man ⟨folgende Aufgabe⟩: Ein gutes Pferd ⟨und⟩ ein altersschwacher Gaul brechen von Changan auf um ⟨den Feudalstaat⟩ Ch'i zu erreichen. Ch'i ist von Changan 3000 Meilen entfernt. Das gute Pferd macht am 1. Tag einen Weg ⟨von⟩ 193 Meilen; ⟨jeden⟩ Tag legt es 13 Meilen zu. Der Gaul macht am 1. Tag einen Weg ⟨von⟩ 97 Meilen; ⟨jeden⟩ Tag macht er eine halbe Meile weniger¹). Das gute Pferd erreicht zuerst ⟨den Staat⟩ Ch'i, wendet, kehrt zurück ⟨und⟩ trifft den Gaul. Frage: ⟨nach⟩ wieviel Tagen trafen sie zusammen ⟨und⟩ wie groß ⟨ist⟩ der Weg eines jeden? Die Antwort sagt: ⟨Es vergehen⟩ $15{}^{135}/_{191}$ Tage und sie treffen zusammen. Der Weg des guten Pferdes ⟨ist⟩ $4534{}^{46}/_{191}$ Meilen. Der Weg des altersschwachen Gaules ⟨ist⟩ $1465{}^{145}/_{191}$ Meilen.

Die Regel lautet: Angenommen es sollen 15 Tage ⟨sein, dann ist der⟩ Fehlbetrag 337 Meilen ⟨und⟩ eine halbe; ⟨angenommen⟩ es sollen 16 Tage ⟨sein, dann ist der⟩ Überschuß 140 Meilen. Mit dem Überschuß ⟨und⟩ dem Fehlbetrag multipliziere über Kreuz die verlangten Versuchszahlen²). Addiere ⟨die Produkte⟩ und ⟨die Summe⟩ ist der Dividend. Addiere den Überschuß ⟨und⟩ den Fehlbetrag; es ist der Divisor. Teile den Dividenden durch den Divisor! Du erhältst die Zahl der Tage. ⟨Wenn das Ergebnis⟩ nicht ganzzahlig ist³), kürze⁴) es mit einer gleichen Zahl und gib den Bruch an⁵).

¹) T.: „subtrahiert eine halbe Meile".
²) T.: „Zahlen der verlangten Annahme".
³) Zu Pu chin (= nicht vollständig) s. S. 112.
⁴) Ch'u = wegtragen subtrahieren, dividieren.
⁵) Rechnung: $(15 \cdot 140 + 16 \cdot 337{}^1/_2) : (140 + 337{}^1/_2) = 15{}^{135}/_{191}$. Die Wege wurden wohl nicht nach der Formel für die arithmetische Reihe berechnet sondern in einzelnen Schritten (s. S. 120).

20. Jetzt hat man ⟨folgenden Fall⟩: Ein Mann hatte Geld bei sich ⟨und⟩ ging nach Szechwan, trieb Handel ⟨und⟩ gewann 3 ⟨auf⟩ 10. Das erstemal schickte er ⟨nach Hause⟩ 1 4000 zurück, das nächste

Mal schickte er 1 3000, das nächste Mal schickte er 1 2000, das nächste Mal schickte er 1 1000, wiederum schickte er 10000; insgesamt ‹auf› 5mal schickte er Geld zurück, das ganze Anfangs‹kapital und den› vollständigen Gewinn[1]). Frage: Wie groß ‹ist› jedes, das Geld, das er am Anfang hatte sowie der Gewinn? Die Antwort sagt: Anfangs ‹waren es› 3 0468$^{8\,4876}$/$_{37\,1293}$ Geldstücke. Der Gewinn ‹betrug› 2 9531$^{28\,6417}$/$_{37\,1293}$ Geldstücke.

Die Regel sagt: Angenommen es sollen anfänglich 3 0000 Geldstücke ‹gewesen sein, dann ist der› Fehlbetrag 1738 Geldstücke ‹und› ein halbes; ‹angenommen› es sollen 4 0000 ‹gewesen sein, dann ergibt sich ein› Überschuß ‹von› 3 5390^8/$_{10}$ Geldstücken[2]).

[1]) T.: Pên li chü chin = Anfang–Gewinn–alles–vollständig.
[2]) Rechnung: $(3\,0000 \cdot 3\,5390^8/_{10} + 4\,0000 \cdot 1738^1/_2) : (3\,5390^8/_{10} + 1738^1/_2)$. Die mit den Versuchszahlen durchgeführte Rechnung ist exakt. Für $^8/_{10}$ steht im Text „8 fên" = 8 Bruchteile. Fên ist also der Dezimalbruch $^1/_{10}$ wie früher „Zoll" (s. S. 91, 108). '

Buch VIII

Rechteckige Tabelle[1])

1. Jetzt hat man ‹folgendes Problem: Aus› 3 Garben einer guten[2]) Ernte, 2 Garben einer mittelmäßigen Ernte ‹und› 1 Garbe einer schlechten Ernte ‹erhält man› den Ertrag von 39 Tou. ‹Aus› 2 Garben einer guten Ernte, 3 Garben einer mittelmäßigen Ernte ‹und› 1 Garbe einer schlechten Ernte ‹erhält man› den Ertrag von 34 Tou. ‹Aus› 1 Garbe guter Ernte, 2 Garben mittelmäßiger Ernte ‹und› 3 Garben schlechter Ernte ‹erhält man› den Ertrag von 26 Tou. Frage: Wieviel ist jedesmal ‹aus› 1 Garbe der Ertrag der guten, mittelmäßigen ‹und› schlechten Ernte? Die Antwort sagt: Von der guten Ernte ‹bringt› 1 Garbe $9^1/_4$ Tou. Von der mittelmäßigen Ernte ‹bringt› 1 Garbe $4^1/_4$ Tou. Von der schlechten Ernte ‹bringt› 1 Garbe $2^3/_4$ Tou.

Rechteckige Tabelle

Die Regel lautet: Lege auf der rechten Seite hin 3 Garben der guten Ernte, 2 Garben der mittelmäßigen Ernte ‹und› 1 Garbe der schlechten Ernte ‹sowie› den Ertrag, die 39 Tou. Die Reihen der mittleren ‹und› geringen Ernte[3]) ‹lege hin› wie ‹auf der› rechten Seite. Immer multipliziere mit der ‹Garbenzahl der› guten Ernte der rechten Reihe die ‹Zahlen der› mittleren Reihe und nimm hintereinander⁴) die Reste. Weiterhin multipliziere die nächste ‹Zahl›⁵) und nimm hintereinander die Reste, jedoch ‹darf› in der mittleren Reihe das mittelmäßige Getreide nicht verschwinden⁶). Und nimm ‹bei der linken Reihe› hintereinander die Reste, ‹aber es darf in der› linken Seite die schlechte Ernte nicht verschwinden. Die obere ‹Zahl› ist der Divisor, die untere ist der Dividend. Der Dividend ‹ist› dann der Dividend der schlechten Ernte. Sucht man ‹die Garbenzahl für die› mittelmäßige Ernte, ‹dann› multipliziere mit dem Divisor ‹der schlechten Ernte› den Betrag unten in der mittleren Reihe und subtrahiere den Dividenden der schlechten Ernte. Dividiere den Rest durch die Garbenzahl der mittelmäßigen Ernte, dann ‹ist es› der Dividend für die mittelmäßige Ernte. Sucht man ‹die Garbenzahl für› die gute Ernte, ‹dann› multipliziere ebenfalls mit dem Divisor ‹der schlechten Ernte› den Betrag unten in der rechten Reihe und subtrahiere die ‹mit der entsprechenden Garbenzahl multiplizierten› Dividenden für die schlechte Ernte ‹und› die mittelmäßige Ernte. Den Rest dividiere durch die Garbenzahl der guten Ernte, ‹dann ist es› der Dividend für die gute Ernte. Alle Dividenden teile durch den Divisor ‹der schlechten Ernte›. Du erhältst es jedesmal in Tou⁷).

[1]) Fang ch'êng*; ch'êng = Weg, Muster, Standard. Zur Matrizenrechnung bei linearen Gleichungssystemen s. S. 130 ff.
[2]) Da shang = oben und wertvoll, chung = Mitte und mittelmäßig, hsia = unten und gering in der Qualität ist, wird die Anordnung überaus übersichtlich.
[3]) Es war 39 > 34 > 26.
[4]) Chih = direkt, geradevorwärts.
[5]) T.: sein nächstes.
[6]) Zu chin = ausschöpfen s. S. 112.
[7]) Die Anfangsmatrix $\begin{pmatrix} 1 & 2 & 3 \\ 2 & 3 & 2 \\ 3 & 1 & 1 \\ 26 & 34 & 39 \end{pmatrix}$ wird zu $\begin{pmatrix} 0 & 0 & 3 \\ 0 & 5 & 2 \\ 36 & 1 & 1 \\ 99 & 24 & 39 \end{pmatrix}$ (s. S. 131).
Sind x, y und z die Garbenzahlen, dann ist $z = 99/36$; $y = (24 \cdot 36 - 99)/5 \cdot 36$ und $x = (39 \cdot 36 - 1 \cdot 99 - 2 \cdot 153)/3 \cdot 36$.

2. Jetzt hat man ‹folgende Aufgabe›: 7 Garben guter Ernte wurden vermindert um den Betrag ‹von› 1 Tou; man vergrößert es um 2 Garben schlechter Ernte und das Ergebnis ‹war› 10 Tou. Man hat 8 Garben schlechter Ernte vergrößert um den Betrag ‹von› 1 Tou und dazugegeben 2 Garben guter Ernte und das Ergebnis

‹war› 10 Tou. Frage: Wieviel ist jedes, der Ertrag von 1 Garbe der guten ‹und› schlechten Ernte? Die Antwort sagt: Der Ertrag von 1 Garbe der guten Ernte ‹ist› $1^{18}/_{52}$ Tou. Der Ertrag von 1 Garbe der schlechten Ernte ‹ist› $^{41}/_{52}$ Tou.

Die Regel lautet: ‹Mache es› wie ‹bei der Regel› Fang Ch'êng. Was vom Wegnehmen gesagt wurde, addiere; was vom Addieren gesagt wurde, subtrahiere. Der weggenommene Betrag 1 Tou kommt zu diesem Betrag von 10 Tou dazu[1]); der addierte Betrag von 1 Tou wird von diesem Betrag von 10 Tou abgezogen[2]).

[1]) T.: Kuo = überholen, überschreiten.
[2]) Das Abziehen ist hier ein „unvollständig machen" (pu man). Die Angaben des Textes sind: (1) $7x - 1 + 2y = 10$ und (2) $8y + 1 + 2x = 10$.
So ist die erste Matrix $\begin{pmatrix} 2 & 7 \\ 8 & 2 \\ 9 & 11 \end{pmatrix}$; sie wird zu $\begin{pmatrix} 0 & 7 \\ 52 & 2 \\ 41 & 11 \end{pmatrix}$.
Es ist also $y = {}^{41}/_{52}$ und $x = (11 \cdot 52 - 2 \cdot 41)/7 : 52$.

3. Jetzt hat man ‹folgende Aufgabe›: Die Erträge von 2 Garben guter Ernte, 3 Garben mittelmäßiger Ernte ‹und› 4 Garben schlechter Ernte reichen alle nicht hin zu einem Tou. Bekommt man ‹zu den› guten ‹Garben› mittelmäßige, bekommt man ‹zu den› mittelmäßigen schlechte, bekommt man ‹zu den› schlechten gute, jedesmal 1 Garbe, ‹dann ist› der Ertrag genau[1]) ein Tou. Frage: Wieviel ist jedesmal der Ertrag von 1 Garbe guter, mittelmäßiger ‹und› schlechter Ernte? Die Antwort sagt: Der Ertrag von 1 Garbe der guten Ernte ‹ist› $^9/_{25}$ Tou. Der Ertrag von 1 Garbe der mittelmäßigen Ernte ‹ist› $^7/_{25}$ Tou. Der Ertrag von 1 Garbe der schlechten Ernte ‹ist› $^4/_{25}$ Tou.

Die Regel lautet: ‹Mache es› wie ‹bei der Regel› Fang Ch'êng. Jedesmal lege hin, was man dazu bekommen hat. Mit der Regel Plus-Minus[2]) packe es an[3]). Die Plus-Minus-Regel lautet: ‹Für die Subtraktion gilt: Bei› gleichen Benennungen wird voneinander subtrahiert. ‹Bei› verschiedenen Benennungen wird zueinander addiert. Positives, ohne ‹daß etwas› dazukommt, mache es negativ[4]), Negatives, ohne ‹daß etwas› dazukommt, mache es positiv[4]). ‹Für die Addition gilt: Sind› diese Benennungen verschieden, wird voneinander subtrahiert. ‹Bei› gleichen Benennungen wird zueinander addiert. Positives, ohne ‹daß etwas› dazukommt, mache es positiv[4]); Negatives, ohne ‹daß etwas› dazukommt, mache es negativ[4]).

[1]) T.: Und der Ertrag ‹ist› ein vollständiges Tou.

²) Chêng fu; chêng = aufrecht, genau, positiv; fu = auf dem Rücken tragen, den Rücken kehren, negativ.
³) Der Text gibt die Anfangsmatrix $\begin{pmatrix} 1 & 0 & 2 \\ 0 & 3 & 1 \\ 4 & 1 & 0 \\ 1 & 1 & 1 \end{pmatrix}$. Nach der Multiplikation der linken Reihe mit 2 und der Subtraktion der rechten von der linken Reihe erscheint in der nächsten Matrix $\begin{pmatrix} 0 & 0 & 2 \\ -1 & 3 & 1 \\ 8 & 1 & 0 \\ 1 & 1 & 1 \end{pmatrix}$ erstmals eine negative Zahl.
⁴) Chêng und fu werden auch als Zeitwörter verwendet.

4. Jetzt hat man ‹folgende Aufgabe›: Wird ‹der Ertrag von› 5 Garben guter Ernte um den Betrag von 1 Tou 1 Shêng vermindert, ‹so ist es› soviel wie ‹der Ertrag von› 7 Garben schlechter Ernte. Wird ‹der Ertrag von› 7 Garben guter Ernte um den Betrag von 2 Tou 5 Shêng vermindert, ‹so ist es› soviel wie ‹der Ertrag von› 5 Garben schlechter Ernte. Frage: Wieviel ist jedes, der Ertrag von 1 Garbe der guten ‹und› schlechten Ernte? Die Antwort sagt: 1 Garbe der guten Ernte ‹enthält› 5 Shêng. 1 Garbe der schlechten Ernte ‹enthält› 2 Shêng.

Die Regel lautet: ‹Mache es› wie ‹bei der Regel› Fang Ch'êng. Lege hin die 5 Garben der guten Ernte ‹als› positiv, die 7 Garben der schlechten Ernte ‹als› negativ, den subtrahierten Betrag 1 Tou 1 Shêng ‹als› positiv. ‹Als› nächstes lege hin die 7 Garben der guten Ernte ‹als› positiv, die 5 Garben der schlechten Ernte ‹als› negativ, den subtrahierten Betrag 2 Tou 5 Shêng ‹als› positiv. Mit der Plus-Minus-Regel packe es an¹).

¹) Die erste Matrix $\begin{pmatrix} 7 & 5 \\ -5 & -7 \\ 25 & 11 \end{pmatrix}$ gibt das Gleichungssystem (1) $5x - 11 = 7y$, (2) $7x - 25 = 5y$ wieder.

Aus der Endmatrix $\begin{pmatrix} 0 & 5 \\ 24 & -7 \\ 48 & 11 \end{pmatrix}$ folgt $y = 2$.

5. Jetzt hat man ‹folgende Aufgabe›: Wird ‹der Ertrag von› 6 Garben guter Ernte um den Betrag von 1 Tou 8 Shêng vermindert, ‹so ist es› soviel wie ‹der Ertrag von› 10 Tou schlechter Ernte. Wird ‹der Ertrag von› 15 Tou schlechter Ernte um den Betrag von 5 Shêng vermindert, ‹so ist es› soviel wie ‹der Ertrag von› 5 Tou guter Ernte. Frage: Wieviel ist jedes, der Ertrag von 1 Garbe der guten ‹und› der schlechten Ernte? Die Antwort sagt: Der Ertrag von 1 Garbe der guten Ernte ‹ist› 8 Shêng. Der Ertrag von 1 Garbe der schlechten Ernte ‹ist› 3 Shêng.

Die Regel lautet: ‹Mache es› wie ‹bei der Regel› Fang Ch'êng. Lege hin die 6 Garben der guten Ernte ‹als› positiv, die 10 Garben der schlechten Ernte ‹als› negativ, den subtrahierten Betrag 1 Tou 8 Shêng ‹als› positiv. ‹Als› nächstes lege hin die 5 Garben der guten Ernte ‹als› negativ, die 15 Garben der schlechten Ernte ‹als› positiv, den subtrahierten Betrag von 5 Shêng ‹als› positiv. Mit der Plus-Minus-Regel packe es an[1]).

[1]) Gegeben sind (1) $6x - 18 = 10y$ und (2) $15y - 5 = 5x$;
hieraus $\begin{pmatrix} -5 & 6 \\ 15 & -10 \\ 5 & 18 \end{pmatrix}$; zuletzt steht $\begin{pmatrix} 0 & 6 \\ 40 & -10 \\ 120 & 18 \end{pmatrix}$. So ist $y = {}^{120}/_{40} = 3$.

6. Jetzt hat man ‹folgenden Fall›: Wird ‹der Ertrag von› 3 Garben guter Ernte um den Betrag von 6 Tou vermehrt, ‹so ist es› soviel wie der Ertrag von 10 Garben schlechter Ernte. Wird ‹der Ertrag von› 5 Garben schlechter Ernte um den Betrag von 1 Tou vermehrt, ‹so ist es› soviel wie ‹der Ertrag von› 2 Garben guter Ernte. Frage: Wieviel ist jedes, der Ertrag von 1 Garbe der guten ‹und› der schlechten Ernte? Die Antwort sagt: Der Ertrag von 1 Garbe der guten Ernte ‹ist› 8 Tou. Der Ertrag von 1 Garbe der schlechten Ernte ‹ist› 3 Tou.

Die Regel lautet: ‹Mache es› wie ‹bei der Regel› Fang Ch'êng. Lege hin die 3 Garben der guten Ernte ‹als› positiv, die 10 Garben der schlechten Ernte ‹als› negativ, den addierten Betrag 6 Tou ‹als› negativ[1]). ‹Als› nächstes lege hin die 2 Garben der guten Ernte ‹als› negativ, die 5 Garben der schlechten Ernte ‹als› positiv, den addierten Betrag 1 Tou ‹als› negativ[1]). Mit der Plus-Minus-Regel packe es an[2]).

[1]) T.: positiv.
[2]) Das zugrundegelegte Gleichungssystem (1) $3x + 6 = 10y$, (2) $5y + 1 = 2x$
gibt $\begin{pmatrix} -2 & 3 \\ 5 & -10 \\ -1 & -6 \end{pmatrix}$. Dies wird zu $\begin{pmatrix} 0 & 3 \\ -5 & -10 \\ -15 & -6 \end{pmatrix}$; also $-5y = -15$ und $y = 3$.

7. Jetzt hat man ‹folgenden Fall›: Der Preis von 5 Rindern ‹und› 2 Schafen ‹ist› 10 Unzen Gold. Der Preis von 2 Rindern ‹und› 5 Schafen ‹ist› 8 Unzen Gold. Frage: Wieviel Gold ist der Preis von jedem, dem Rind ‹und› dem Schaf? Die Antwort sagt: Der Preis von 1 Rind ‹ist› $1^{13}/_{21}$ Unzen Gold. Der Preis von 1 Schaf ‹ist› ${}^{20}/_{21}$ Unzen Gold.

Die Regel lautet: ‹Mache es› wie ‹bei der Regel› Fang Ch'êng[1]).

[1]) Da bei $\begin{pmatrix} 2 & 5 \\ 5 & 2 \\ 8 & 10 \end{pmatrix}$ keine negativen Werte auftreten, fehlt der sonst immer gebrauchte Hinweis auf die Plus-Minus-Regel. – Die Schlußmatrix $\begin{pmatrix} 0 & 5 \\ 21 & 2 \\ 20 & 10 \end{pmatrix}$ gibt $y = {}^{20}/_{21}$.

8. Jetzt hat man 2 Rinder ‹und› 5 Schafe verkauft ‹und› damit 13 Schweine gekauft, ‹wobei› ein Rest von 1000 Geldstücken ‹übrig› blieb. Man hat 3 Rinder ‹und› 3 Schweine verkauft ‹und› damit 9 Schafe gekauft; das Geld reichte gerade. Man hat 6 Schafe ‹und› 8 Schweine verkauft ‹und› damit 5 Rinder gekauft, ‹aber› das Geld reichte nicht ‹um› 600 ‹Geldstücke›. Frage: Wie hoch ist der Preis von jedem, vom Rind, vom Schaf ‹und› vom Schwein? Die Antwort sagt: Der Preis eines Rindes ‹ist› 1200. Der Preis eines Schafes ‹ist› 500. Der Preis eines Schweines ‹ist› 300.

Die Regel lautet: ‹Mache es› wie ‹bei der Regel› Fang Ch'êng. Lege hin die 2 Rinder ‹und› die 5 Schafe ‹als› positiv, die 13 Schweine ‹als› negativ, die Anzahl des restlichen Geldes ‹als› positiv. ‹Als› nächstes lege hin die 3 Rinder ‹als› positiv, die 9 Schafe ‹als› negativ, die 3 Schweine ‹als› positiv. ‹Als› nächstes lege hin die 5 Rinder ‹als› negativ, die 6 Schafe ‹als› positiv, die 8 Schweine ‹als› positiv, das Geld, ‹um das es› nicht reicht, ‹als› negativ. Mit der Plus-Minus-Regel packe es an[1]).

[1]) Die Angabe ist:
(1) $2x + 5y = 13z + 1000$, (2) $3x + 3z = 9y$, (3) $6y + 8z = 5x - 600$.

Hieraus $\begin{pmatrix} -5 & 3 & 2 \\ 6 & -9 & 5 \\ 8 & 3 & -13 \\ -600 & 0 & 1000 \end{pmatrix}$ und schließlich $\begin{pmatrix} 0 & 0 & 2 \\ 0 & -33 & 5 \\ 48 & 45 & -13 \\ 14400 & -3000 & 1000 \end{pmatrix}$

So ist $z = {}^{14400}/_{48} = 300$ usw.

9. Jetzt hat man 5 Sperlinge ‹und› 6 Schwalben. Zusammen wog man sie. Das Gewicht aller Sperlinge ‹war› schwer, das aller Schwalben leicht[1]). Es wurde 1 Sperling und 1 Schwalbe vertauscht und ‹nachdem die Waage› in Ruhe war, ‹war› das Gewicht gerade gleich. Das Gesamtgewicht der Schwalben ‹und› Sperlinge ‹war› 1 Pfund. Frage: Wie groß war das Gewicht von je 1 Stück der Schwalben ‹und› der Sperlinge? Die Antwort sagt: Das Gewicht eines Sperlings ‹ist› $1^{13}/_{19}$ Unzen. Das Gewicht einer Schwalbe ‹ist› $1^{5}/_{19}$ Unzen.

Die Regel lautet: ‹Mache es› wie ‹bei der Regel Fang Ch'êng›. ‹Hat man den› Austausch ‹vorgenommen und› es verglichen, ‹dann ist› jedes Gewicht 8 Unzen.

[1]) Da die 5 Sperlinge schwerer sind als die 6 Schwalben, muß der genannte Austausch vorgenommen werden. Das Gleichungssystem (1) $5x + 6y = 16$ (Unzen), (2) $4x + y = 5y + x$ gibt die Matrix $\begin{pmatrix} 3 & 5 \\ -4 & 6 \\ 0 & 16 \end{pmatrix}$; sie wird zu $\begin{pmatrix} 0 & 5 \\ -38 & 6 \\ -48 & 16 \end{pmatrix}$. So ist $y = {}^{48}/_{38} = 1^5/_{19}$.

10. Jetzt hat man ‹folgende Aufgabe›: Die 2 Leute A ‹und› B haben Geld bei sich; man kennt seine Anzahl nicht. Erhält A die Hälfte von ‹dem, was› B ‹hat›, dann ‹sind es› 50 Geldstücke. Erhält B $^2/_3$ von ‹dem, was› A ‹hat›, dann ‹sind es› ebenfalls 50 Geldstücke. Frage: Wieviel Geldstücke hat jeder, der A ‹und› der B? Die Antwort sagt: A hat 37 Geldstücke ‹und› ein halbes. B hat 25 Geldstücke.

Die Regel lautet: ‹Mache es› wie ‹bei der Regel› Fang Ch'êng. Verkleinere ‹und› vergrößere es[1]).

[1]) Die Berechnung beginnt mit der Matrix $\begin{pmatrix} ^2/_3 & 1 \\ 1 & ^1/_2 \\ 50 & 50 \end{pmatrix}$. Nach der (bei Aufg. 1) genannten Regel soll mit dem oberen Koeffizienten der rechten Reihe multipliziert werden. Dies führt hier nicht zum Ziel. Es mußten die Brüche beseitigt werden; so mag die weitere Rechnung folgendermaßen ausgesehen haben: $\begin{pmatrix} 2 & 2 \\ 3 & 1 \\ 150 & 100 \end{pmatrix} \to \begin{pmatrix} 0 & 2 \\ 2 & 1 \\ 50 & 100 \end{pmatrix}$. Also $y = {}^{50}/_2 = 25$.

11. Jetzt hat man ‹folgende Aufgabe›: Der Preis von 2 Pferden ‹und› 1 Rind übertrifft 1 0000 ‹Geldstücke um so viel› wie der Preis eines halben Pferdes ‹ist›. Der Preis von 1 Pferd ‹und› 2 Rindern reicht nicht aus zu 1 0000 ‹Geldstücken um so viel› wie der Preis eines halben Rindes ‹ist›. Frage: Wie groß ist jedes, der Preis eines Rindes ‹und› eines Pferdes? Die Antwort sagt: Der Preis des Pferdes ‹ist› $5454^6/_{11}$ Geldstücke. Der Preis des Rindes ‹ist› $1818^2/_{11}$ Geldstücke.

Die Regel lautet: ‹Mache es› wie ‹bei der Regel› Fang Ch'êng. Verkleinere ‹und› vergrößere es[1]).

[1]) Für das System (1) $2x + y = x/2 + 1\,0000$, (2) $x + 2y = 1\,0000 - y/2$ ist die Rechnung:
$\begin{pmatrix} 1 & 1^1/_2 \\ 2^1/_2 & 1 \\ 1\,0000 & 1\,0000 \end{pmatrix} \to \begin{pmatrix} 2 & 3 \\ 5 & 2 \\ 2\,0000 & 2\,0000 \end{pmatrix} \to \begin{pmatrix} 0 & 3 \\ 11 & 2 \\ 2\,0000 & 2\,0000 \end{pmatrix}$.
Also ist $y = 2\,0000 : 11 = 1818^2/_{11}$.

12. Jetzt hat man ‹folgenden Fall›: ein starkes Pferd einzeln genommen[1]), 2 mittlere Pferde ‹und› 3 schwache Pferde ‹können einzeln› alle ‹eine Last von› 40 Stein ziehen. Sie kommen an einen Bergabhang, ‹den sie› alle nicht hinauf‹fahren› können. Wenn ‹man sich zu dem› starken Pferd 1 mittleres Pferd borgt[2]) ‹oder zu den› mittleren ‹2› Pferden 1 schwaches Pferd borgt ‹oder zu den 3› schwachen Pferden 1 starkes Pferd borgt, dann ‹kommen sie› alle hinauf. Frage: Wie groß ‹ist› die Zugkraft von jedem starken, mittleren ‹und› schwachen Pferd?[3]). Die Antwort sagt: Die Zugkraft von 1 starken Pferd ‹ist› $22^6/_7$ Stein. Die Zugkraft von 1 mittleren Pferd ‹ist› $17^1/_7$ Stein. Die Zugkraft von 1 schwachen Pferd ‹ist› $5^5/_7$ Stein.

Die Regel lautet: ‹Mache es› wie ‹bei der Regel› Fang Ch'êng. Lege jedesmal hin das, was geborgt wurde. Mit der Plus-Minus-Regel packe es an[4]).

[1]) T.: Starkes Pferd 1 Stück; p'i = Stück ist eine Zahlenergänzung.
[2]) T.: Starkes Pferd borgt 1 Stück mittleres Pferd.
[3]) T.: Starkes, mittleres, schwaches Pferd 1 Stück jedes.
[4]) Aus den Gleichungen (1) $x+y=40$, (2) $2y+z=40$, (3) $3z+x=40$ folgt:
$$\begin{pmatrix} 1 & 0 & 1 \\ 0 & 2 & 1 \\ 3 & 1 & 0 \\ 40 & 40 & 40 \end{pmatrix} \to \begin{pmatrix} 0 & 0 & 1 \\ 0 & 2 & 1 \\ 7 & 1 & 0 \\ 40 & 40 & 40 \end{pmatrix};$$
also $z = {}^{40}/_7$ usw.

13. Jetzt haben 5 Familien[1]) einen gemeinsamen Brunnen. Die 2 Seile von A reichen nicht ‹hinunter; es muß› dazukommen 1 Seil von B. Die 3 Seile von B reichen nicht ‹hinunter; es muß› dazukommen 1 Seil von C. Die 4 Seile von C reichen nicht ‹hinunter; es muß› dazukommen 1 Seil von D. Die 5 Seile von D reichen nicht ‹hinunter; es muß› dazukommen 1 Seil von E. Die 6 Seile von E reichen nicht hinunter; es muß› dazukommen 1 Seil von A. ‹Wenn› jeder das 1 Seil, ‹um das es› nicht reicht, bekommt, ‹dann› erreichen sie alle ‹die Wasseroberfläche›. Frage: Wie groß ist jedes, die Tiefe des Brunnens ‹und› die Länge der Seile? Die Antwort sagt: Die Tiefe des Brunnens ‹ist› 7 Klafter 2 Fuß 1 Zoll. Die Seillänge von A ‹ist› 2 Klafter 6 Fuß 5 Zoll. Die Seillänge von B ‹ist› 1 Klafter 9 Fuß 1 Zoll. Die Seillänge von C ‹ist› 1 Klafter 4 Fuß 8 Zoll. Die Seillänge von D ‹ist› 1 Klafter 2 Fuß 9 Zoll. Die Seillänge von E ‹ist› 7 Fuß 6 Zoll.

Die Regel lautet: ‹Mache es› wie ‹bei der Regel› Fang Ch'êng. Mit der Plus-Minus-Regel packe es an[2]).

[1]) Die Familien sind mit A, B, C, D und E bezeichnet.

²) Es liegt ein unbestimmtes Problem mit 5 Gleichungen für 6 Unbekannte vor. Es seien die 5 Seillängen x, y, z, u und v, die Brunnentiefe s. Hieraus die Matrix:

$$\begin{pmatrix} 1 & 0 & 0 & 0 & 2 \\ 0 & 0 & 0 & 3 & 1 \\ 0 & 0 & 4 & 1 & 0 \\ 0 & 5 & 1 & 0 & 0 \\ 6 & 1 & 0 & 0 & 0 \\ s & s & s & s & s \end{pmatrix} ; \text{ sie wird zu } \begin{pmatrix} 0 & 0 & 0 & 0 & 2 \\ 0 & 0 & 0 & 3 & 1 \\ 0 & 0 & 4 & 1 & 0 \\ 0 & 5 & 1 & 0 & 0 \\ 721 & 1 & 0 & 0 & 0 \\ 76s & s & s & s & s \end{pmatrix}. \text{ So ist}$$

v = 76 s/721. Mit s = 721 gibt es die kleinste ganzzahlige Lösung, v = 76 Zoll.

14. Jetzt hat man ‹folgendes Problem›: Der Ertrag ‹eines Feldes von› 2 Pu ‹mit› weißem Korn, ‹eines› von 3 Pu ‹mit› grünem Korn, ‹eines› von 4 Pu ‹mit› gelbem Korn, ‹eines› von 5 Pu ‹mit› schwarzem Korn reicht jedesmal nicht zu einem Tou. Kommt zum weißen ‹Korn› grünes ‹und› gelbes, kommt zum grünen gelbes ‹und› schwarzes, kommt zum gelben schwarzes ‹und› weißes, kommt zum schwarzen weißes ‹und› grünes jedesmal ‹noch der Ertrag von› 1 Pu dazu, ‹dann sind› die Erträge ‹jeweils› ein vollständiges Tou. Frage: Wieviel ist jedesmal der Ertrag von 1 Pu an weißem, grünem, gelbem ‹und› schwarzem Korn? Die Antwort sagt: Der Ertrag von 1 Pu an weißem Korn ‹ist› $^{33}/_{111}$ Tou. Der Ertrag von 1 Pu an grünem Korn ‹ist› $^{28}/_{111}$ Tou. Der Ertrag von 1 Pu an gelbem Korn ‹ist› $^{17}/_{111}$ Tou. Der Ertrag von 1 Pu an schwarzem Korn ‹ist› $^{10}/_{111}$ Tou.

Die Regel lautet: ‹Mache es› wie ‹bei der Regel› Fang Ch'êng. Jedes‹mal› lege hin, was dazu gekommen ist. Mit der Regel Plus-Minus packe es an¹).

¹) Für die 4 Unbekannten x, y, z und u ist die Matrix:

$$\begin{pmatrix} 1 & 1 & 0 & 2 \\ 1 & 0 & 3 & 1 \\ 0 & 4 & 1 & 1 \\ 5 & 1 & 1 & 0 \\ 1 & 1 & 1 & 1 \end{pmatrix} ; \text{ sie wird zu } \begin{pmatrix} 0 & 0 & 0 & 2 \\ 0 & 0 & 3 & 1 \\ 0 & 22 & 1 & 1 \\ 222 & 7 & 1 & 0 \\ 20 & 4 & 1 & 1 \end{pmatrix}. \text{ Also ist}$$

u = $^{20}/_{222}$ = $^{10}/_{111}$; weiterhin nach der Regel (Aufg. 1) z = (4 · 222 — — 7 · 20)/$_{22}$: 222 usw.

15. Jetzt hat man ‹folgenden Fall›: Die Gewichte von 2 Garben der Ernte A, von 3 Graben der Ernte B ‹und› von 4 Garben der Ernte C sind alle mehr als ein Stein. ‹Beim› Gewicht von 2 ‹Garben› A kommt ‹das Gewicht von› 1 ‹Garbe› B, ‹beim› Gewicht von 3 ‹Garben› B kommt ‹das Gewicht von› 1 ‹Garbe› C, ‹beim› Gewicht von 4 ‹Garben› C kommt ‹das Gewicht von›

1 ‹Garbe› A dazu¹). Frage: Wie groß ist jedes Gewicht von 1 Garbe ‹der Ernte› A, B ‹und› C? Die Antwort sagt: Das Gewicht ¦von 1 Garbe der Ernte A ‹ist› $^{17}/_{23}$ Stein. Das Gewicht von 1 Garbe der Ernte B ‹ist› $^{11}/_{23}$ Stein. Das Gewicht von 1 Garbe der Ernte C ‹ist› $^{10}/_{23}$ Stein.

Die Regel lautet: ‹Mache es› wie ‹bei der Regel› Fang Ch'êng. Lege als negativ hin die Sachen, um die die Gewichte größer sind als ein Stein²). Mit der Regel Plus-Minus packe es an³).

¹) nämlich zu 1 Stein.
²) T.: Die Dinge des an Gewicht größer Seins gegenüber einem Stein.
³) Das Gleichungssystem (1) 2 x = 1 + y, (2) 3 y = 1 + z, (3) 4 z = = 1 + x gibt die Matrix:
$$\begin{pmatrix} -1 & 0 & 2 \\ 0 & 3 & -1 \\ 4 & -1 & 0 \\ 1 & 1 & 1 \end{pmatrix} ; \text{ diese geht über in } \begin{pmatrix} 0 & 0 & 2 \\ 0 & 3 & -1 \\ 23 & -1 & 0 \\ 10 & 1 & 1 \end{pmatrix}. \text{ Also ist } z = {}^{10}/_{23}.$$

16. Jetzt hat man ‹folgende Aufgabe›: 1 Vorgesetzter, 5 Beamte ‹und› 10 Gefolgsleute ‹bekommen zum› Essen 10 Hühner. 10 Vorgesetzte, 1 Beamter ‹und› 5 Gefolgsleute ‹bekommen zum› Essen 8 Hühner, 5 Vorgesetzte, 10 Beamte ‹und› 1 Gefolgsmann ‹bekommen zum› Essen 6 Hühner. Frage: Wieviel ‹bekommt› jeder ‹vom› Huhn ‹zum› Essen, ‹Vorgesetzter›, ein Beamter ‹und› ein Gefolgsmann? Die Antwort sagt: 1 Vorgesetzter ‹bekommt zum› Essen $^{45}/_{122}$ Huhn. 1 Beamter ‹bekommt zum› Essen $^{41}/_{122}$ Huhn. 1 Gefolgsmann ‹bekommt zum› Essen $^{97}/_{122}$ Huhn.

Die Regel lautet: ‹Mache es› wie ‹bei der Regel› Fang Ch'êng. Mit der Regel Plus-Minus packe es an¹).

¹) Die Matrix $\begin{pmatrix} 5 & 10 & 1 \\ 10 & 1 & 5 \\ 1 & 5 & 10 \\ 6 & 8 & 10 \end{pmatrix}$ geht über in $\begin{pmatrix} 0 & 0 & 1 \\ 0 & -49 & 5 \\ 976 & -95 & 10 \\ 776 & -92 & 10 \end{pmatrix}$.
So ist 976 z = 776 und z = $^{97}/_{122}$.

17. Jetzt hat man ‹folgende Aufgabe›: 5 Schafe, 4 Hunde, 3 Hühner ‹und› 2 Hasen kosten 1496 Geldstücke. 4 Schafe, 2 Hunde, 6 Hühner ‹und› 3 Hasen kosten 1175 Geldstücke. 3 Schafe, 1 Hund, 7 Hühner ‹und› 5 Hasen kosten 958 Geldstücke. 2 Schafe, 3 Hunde, 5 Hühner ‹und› 1 Hase kosten 861 Geldstücke. Frage: Wie groß ist jedes, der Preis von einem Schaf, einem Hund, einem Huhn ‹und› einem Hasen? Die Antwort sagt:

Der Preis eines Schafes ‹ist› 177. Der Preis eines Hundes ‹ist› 121. Der Preis eines Huhnes ‹ist› 23. Der Preis eines Hasen ‹ist› 29. Die Regel lautet: ‹Mache es› wie ‹bei der Regel› Fang Ch'êng. Mit der Regel Plus-Minus packe es an[1]).

[1]) Die Anfangsmatrix

$$\begin{pmatrix} 2 & 3 & 4 & 5 \\ 3 & 1 & 2 & 4 \\ 5 & 7 & 6 & 3 \\ 1 & 5 & 3 & 2 \\ 861 & 958 & 1175 & 1496 \end{pmatrix} \text{ gibt } \begin{pmatrix} 0 & 0 & 0 & 5 \\ 0 & 0 & -6 & 4 \\ 0 & -12 & 18 & 3 \\ 93 & -26 & 7 & 2 \\ 2697 & -1030 & -109 & 1492 \end{pmatrix}.$$

Somit ist der Preis eines Hasen $^{2697}/_{93} = 29$.

18. Jetzt hat man ‹folgende Aufgabe›: 9 Tou Hanf, 7 Tou Weizen, 3 Tou Bohnen, 2 Tou Erbsen ‹und› 5 Tou Hirse kosten 140 Geldstücke. 7 Tou Hanf, 6 Tou Weizen, 4 Tou Bohnen, 5 Tou Erbsen ‹und› 3 Tou Hirse kosten 128 Geldstücke. 3 Tou Hanf, 5 Tou Weizen, 7 Tou Bohnen, 6 Tou Erbsen ‹und› 4 Tou Hirse kosten 116 Geldstücke. 2 Tou Hanf, 5 Tou Weizen, 3 Tou Bohnen, 9 Tou Erbsen ‹und› 4 Tou Hirse kosten 112 Geldstücke. 1 Tou Hanf, 3 Tou Weizen, 2 Tou Bohnen, 8 Tou Erbsen ‹und› 5 Tou Hirse kosten 95 Geldstücke. Frage: Wieviel kostet ‹je› 1 Tou? Die Antwort sagt: 1 Tou Hanf ‹kostet› 7 Geldstücke. 1 Tou Weizen ‹kostet› 4 Geldstücke. 1 Tou Bohnen ‹kostet› 3 Geldstücke. 1 Tou Erbsen ‹kostet› 5 Geldstücke. 1 Tou Hirse ‹kostet› 6 Geldstücke. Die Regel lautet: ‹Mache es› wie ‹bei der Regel› Fang Ch'êng. Mit der Regel Plus-Minus packe es an[1]).

[1]) Die Matrix
$$\begin{pmatrix} 1 & 2 & 3 & 7 & 9 \\ 3 & 5 & 5 & 6 & 7 \\ 2 & 3 & 7 & 4 & 3 \\ 8 & 9 & 6 & 5 & 2 \\ 5 & 4 & 4 & 3 & 5 \\ 95 & 112 & 116 & 128 & 140 \end{pmatrix} \text{ gibt } \begin{pmatrix} 0 & 0 & 0 & 0 & 9 \\ 0 & 0 & 0 & 5 & 7 \\ 0 & 0 & -30 & 15 & 3 \\ 0 & -1440 & -168 & 31 & 2 \\ 2790 & 810 & 99 & -8 & 5 \\ 16740 & -2340 & -336 & 172 & 140 \end{pmatrix}.$$

So ist der Preis für die letzte Unbekannte (1 Tou Hirse) $^{16740}/_{2790} = 6$.

Buch IX

Das rechtwinkelige Dreieck[1])

1. Jetzt hat man eine waagrechte Kathete ‹von› 3 Fuß ‹und› eine senkrechte Kathete ‹von› 4 Fuß. Die Frage ist: Wie groß ist die Hypotenuse? Die Antwort sagt: 5 Fuß.

2. Jetzt hat man eine Hypotenuse ‹von› 5 Fuß ‹und› eine waagrechte Kathete ‹von› 3 Fuß. Die Frage ist: Wie groß ist die senkrechte Kathete? Die Antwort sagt: 4 Fuß.

3. Jetzt hat man eine senkrechte Kathete ‹von› 4 Fuß ‹und› eine Hypotenuse ‹von› 5 Fuß. Die Frage ist: Wie groß ist die waagrechte Kathete? Die Antwort sagt: 3 Fuß.

Das rechtwinkelige Dreieck[1])

Die Regel lautet: Die waagrechte ‹und› senkrechte Kathete werden beide[2]) mit sich selbst multipliziert; addiere ‹die Quadrate› und ziehe draus die Quadratwurzel[3]). Dann ‹ist es› die Hypotenuse. Ferner: Die senkrechte Kathete wird mit sich selbst multipliziert; damit verkleinere die mit sich selbst multiplizierte Hypotenuse. Aus diesem Rest ziehe die Quadratwurzel; dann ‹ist es› die waagrechte Kathete. Ferner: Die waagrechte Kathete wird mit sich selbst multipliziert; damit verkleinere die mit sich selbst multiplizierte Hypotenuse. Aus diesem Rest ziehe die Quadratwurzel; dann ‹ist es› die senkrechte Kathete.

[1]) Kou ku* = waagrechte ‹und› senkrechte Kathete. Kou ist die kurze, ku die lange Kathete des Zimmermannwinkels; dabei steht ku (= Hüfte) senkrecht. Die Hypotenuse ist hsien = gespannte Saite, Sehne (s. Aufg. I; 35, 36).
[2]) T.: jede.
[3]) s. Aufgabe IV; 16.

4. Jetzt hat man ein Rundholz; der Durchmesser ‹ist› 2 Fuß 5 Zoll. Man wünscht rechteckige Platten[1]) ‹herzustellen, deren› Dicke 7 Zoll sein soll. Frage: Wie groß ist ‹deren› Breite? Die Antwort sagt: 2 Fuß $4^5/_{10}$ Zoll[2]).

Die Regel lautet: Es soll der Durchmesser 2 Fuß 5 Zoll mit sich selbst multipliziert werden; verkleinere es um die mit sich selbst multiplizierten 7 Zoll. Aus diesem Rest ziehe die Quadratwurzel; dann ‹ist es› die Breite[3]).

[1]) P'an ist später der Name für die im 8. Jahrhundert erfundene Blockdruckplatte.
[2]) Es muß 2 Fuß 4 Zoll heißen. Im Text steht 2 Fuß 4 Zoll 5 fên = 2 Fuß $4^5/_{10}$. Zu fên = Teil s. Aufg. VII; 20.
[3]) Die Lösung $x = \sqrt{25^2 - 7^2} = 24$ ergibt sich aus dem Thaleskreis (Fig. 17).

5. Jetzt hat man einen Baum 2 Klafter lang, sein Umfang ‹ist› 3 Fuß¹). An seinem Fuße wächst eine Pueraria; sie umwindet den Baum in 7 Umläufen ‹und hat dann› oben mit dem Baum die gleiche ‹Höhe erreicht›. Frage: Wie groß ist die Länge der Pueraria? Die Antwort sagt: 2 Klafter 9 Fuß.

Die Regel lautet: Mit den 7 Umläufen multipliziere die 3 des Umfangs. ‹Das Produkt› ist die senkrechte Kathete. Die Länge des Baumes ist die waagrechte Kathete. Mache es ‹nach der Regel›: Gesucht die Hypotenuse. Die Hypotenuse ‹ist› die Länge der Pueraria²).

¹) T.: Es umrunden ihn 3 Fuß.
²) Die Abwickelung (Fig. 18) ergibt ein rechtwinkliges Dreieck mit den Katheten 7u und h. Da 7u > h, wird 7u als die senkrechte Kathete angenommen. Das Bohnengewächs k'o (Pueraria hirsuta) ist die älteste Faserpflanze Chinas.

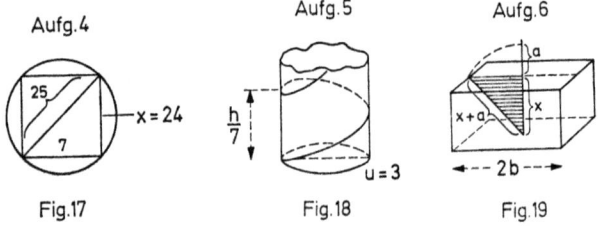

Aufg. 4   Aufg. 5   Aufg. 6

Fig. 17   Fig. 18   Fig. 19

6. Jetzt hat man einen Wasserbehälter ‹mit quadratischer Basis›; die Seite des Quadrats ‹ist› 1 Klafter. Ein Schilfrohr wächst gerade in seiner Mitte; es ragt ‹aus dem› Wasser ‹um› 1 Fuß heraus. Streckt man das Schilfrohr zum Ufer hin, ‹dann› wird das Ufer gerade erreicht¹). Frage: Wie groß ist jedes, die Wassertiefe ‹und› die Länge des Schilfrohres? Die Antwort sagt: Wassertiefe: 1 Klafter 2 Fuß. Länge des Schilfrohres: 1 Klafter 3 Fuß.

Die Regel lautet: Die Hälfte der Seite des Wasserbehälters wird mit sich selbst multipliziert; vermindere es um das mit sich selbst multiplizierte aus dem Wasser herausragende ‹Stück von› 1 Fuß. Den Rest dividiere ihn durch das Doppelte des aus dem Wasser herausragenden ‹Teiles›. Dann erhältst du die Wassertiefe. Nimm dazu den Betrag des aus dem Wasser herausragenden ‹Teiles›; du erhältst ‹dann› die Länge des Schilfrohres²).

¹) T.: gerade mit Ufer gleich.
²) Zur Herleitung der Regel x = (b² — a²) : 2a (Fig. 19) s. S. 132.

7. Jetzt hat man einen aufrechten Pfahl; man bindet an seinem Ende ein Seil an. Es liegt ⟨noch⟩ 3 Fuß ⟨auf der⟩ Erde. Spannt man das Seil aus, ⟨so⟩ ist man vom Fuß ⟨des Pfahles⟩ 8 Fuß weggegangen und das Seil hat gerade gereicht¹). Frage: Wie groß ist die Länge des Seiles? Die Antwort sagt: 1 Klafter $2^1/_{21}$ Fuß. Die Regel lautet: Nimm die mit sich selbst multiplizierte Entfernung ⟨bis zum⟩ Fuß ⟨des Pfahles; dies⟩ soll durch den Betrag des ⟨auf der Erde⟩ liegenden ⟨Stückes⟩ dividiert werden. Das, was man erhält, addiere zum Betrag des auf der Erde liegenden ⟨Stückes⟩ und halbiere es. Dann ⟨ist es⟩ die Seillänge²).

¹) T.: Und das Seil ist ausgeschöpft (chin).
²) Die Regel (Fig. 20) lautet: $x = (b^2/a + a) : 2$. Es sind $12^1/_6$ (nicht $12^1/_{21}$) Fuß.

8. Jetzt hat man eine 1 Klafter hohe Wand. Ein Balken ist an die Wand ⟨derart⟩ angelehnt, ⟨daß seine⟩ Höhe mit ⟨der⟩ der Wand übereinstimmt. Zieht man den Balken ⟨um⟩ eine Entfernung von 1 Fuß ⟨aus seiner Lage⟩ weg, ⟨dann⟩ kommt dieser Balken ⟨ganz auf⟩ die Erde ⟨zu liegen⟩. Frage: Wie groß ist der Balken? Die Antwort sagt: 5 Klafter 5 Zoll.

Die Regel lautet: Die 10 Fuß der Höhe der Wand wird mit sich selbst multipliziert; dividiere ⟨dies⟩ durch die Anzahl der Fuß der Entfernung, die man weggegangen ist. Mit dem Ergebnis vergrößere die Anzahl der Fuß der beobachteten Entfernung und halbiere es. Dann ⟨ist es⟩ der Betrag der Länge des Balkens¹).

¹) Die Lösung (s. Fig. 21) ist wieder $x = (b^2/a + a) : 2$.

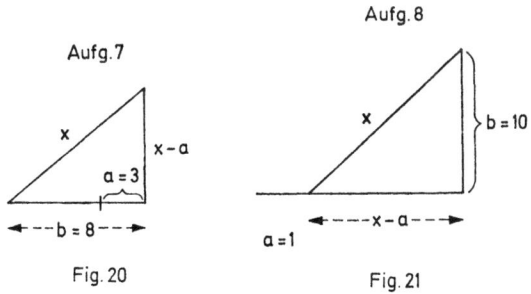

Aufg. 7 — Fig. 20

Aufg. 8 — Fig. 21

9. Jetzt hat man ein Rundholz; ⟨es ist⟩ mitten in die Hauswand eingelasssen. Man kennt seine Größe nicht. Mit einer Säge sägt

man es ‹auf› eine Tiefe von 1 Zoll ab. ‹Dann ist› die Länge des Sägeschnittes[1]) 1 Fuß. Frage: Wie groß ist der Durchmesser ‹des Holzes›? Die Antwort sagt: Der Durchmesser des Holzes ‹ist› 2 Fuß 6 Zoll. Die Regel lautet: Der halbe Sägeschnitt wird mit sich selbst multipliziert; dividiere ‹es› durch die Zoll der Tiefe. Vergrößere es ‹noch› um die Zoll der Tiefe. Dann ‹ist es› der Durchmesser des Holzes[2]).

[1]) T.: Weg der Säge.
[2]) Die Lösung (s. Fig. 22) ist: $2x = b^2/a + a$.

10. Jetzt hat man eine geöffnete Doppeltüre; ‹ihr› Abstand von der Schwelle[1]) ‹beträgt› 1 Fuß. ‹Die Türe› schließt nicht ‹um› 2 Zoll[2]). Frage: Wie groß ist die Breite der Doppeltüre? Die Antwort sagt: 1 Klafter 1 Zoll.

Die Regel lautet: Die Entfernung von der Schwelle ‹nämlich› 1 Fuß wird mit sich selbst multipliziert. Das Ergebnis dividiere durch die 2 Zoll, ‹um die die Türe› nicht schließt, ‹nachdem man› sie halbiert hat. Das Ergebnis addiere zur Hälfte dessen, ‹um was die Türe› nicht schließt. Dann erhält man die Breite der Doppeltüre[3]).

[1]) T.: Tür zum Frauengemach.
[2]) Die Tür schließt nicht um die Strecke AB (s. Fig. 23).
[3]) Lösung: $2x = b^2/a + a$.

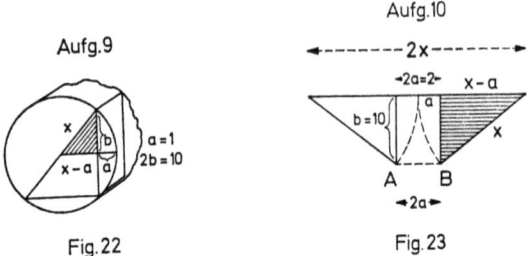

Fig. 22   Fig. 23

11. Jetzt hat man eine Türe; ‹ihre› Höhe ‹ist› 6 Fuß 8 Zoll größer als ‹ihre› Breite. Die Entfernung der beiden Ecken voneinander ist gerade 1 Klafter. Frage: Wie groß ist jedes, die Höhe ‹und› die Breite der Türe? Die Antwort sagt: Breite: 2 Fuß 8 Zoll. Höhe: 9 Fuß 6 Zoll.

Die Regel lautet: Es soll 1 Klafter mit sich selbst multipliziert werden; es ist der Anfangsbetrag[1]). Die Hälfte des Unterschiedes[2]) soll mit sich selbst multipliziert werden. Verdoppele es ‹und› verkleinere ‹damit› den Anfangsbetrag; halbiere diesen Rest ‹und› ziehe die Quadratwurzel daraus. Das Ergebnis wird verkleinert um die Hälfte des Unterschiedes, dann ‹ist es› die Breite der Türe. ‹Zum Ergebnis› wird zugelegt die Hälfte des Unterschiedes, dann ‹ist es› die Höhe der Türe[3]).

[1]) Shih = das wirklich vorhandene (s. S. 10).
[2]) T.: Das gegenüber ‹dem anderen› Größere.
[3]) Der Pythagoreische Lehrsatz ergibt (s. Fig. 24): $2z^2 + 2 \cdot (d/2)^2 = s^2$;

hieraus die Lösung $z = \sqrt{\dfrac{100^2 - 2 \cdot 34^2}{2}}$.

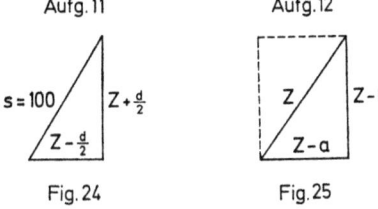

Aufg. 11   Aufg. 12

Fig. 24   Fig. 25

12. Jetzt hat man eine Türe, ‹deren› Höhe ‹und› Breite man nicht kennt; ‹beide sind› kürzer als die unbekannte Länge einer Bambusstange. Legt man sie horizontal, ‹dann› kommt ‹man› nicht heraus[1]) ‹um› 4 Fuß; legt man sie vertikal, ‹dann› kommt ‹man› nicht heraus ‹um› 2 Fuß; legt man sie ‹aber› in die schräge ‹Richtung, dann› kommt ‹man› gerade heraus. Frage: Wie groß ist jedes, die Höhe, die Breite ‹und› die Diagonale? Die Antwort sagt: Breite: 6 Fuß. Höhe: 8 Fuß. Diagonale: 1 Klafter.

Die Regel lautet: Die Fehlbeträge[2]) in der Vertikalen ‹und› Horizontalen werden miteinander multipliziert; verdopple ‹das Produkt› und ziehe die Quadratwurzel daraus. Wird das Ergebnis zu dem Fehlbetrag in der Vertikalen addiert, dann ‹ist es› die Breite der Türe; ‹wird das Ergebnis› zum Fehlbetrag in der Horizontalen addiert, dann ‹ist es› die Höhe der Türe; ‹wenn› beide Fehlbeträge es vergrößern, erhält man die Diagonale der Türe[3]).

[1]) T.: Pu ch'u = nicht herauskommen. Man kommt mit der quergestellten Stange nicht aus der Türe heraus!

[2]) Die Breite heißt neben gewöhnlich kuang auch hêng (= horizontal, Ost-Westrichtung), die Länge tsung (= vertikal. Nord-Südrichtung) und ch'ang (beim Bambusstab), die Diagonale hsieh (= schlecht, abgebogen) und kuo (= verbinden). Hêng, tsung und hsieh sind auch transitive Zeitwörter.

[3]) Aus dem rechtwinkligen Dreieck (Fig. 25) ergibt sich $z^2 = 2z^2 - 2 \cdot (a + b) \cdot z + a^2 + b^2$ und nach Addition von $2ab$ auf beiden Seiten $2ab = [z - (a + b)]^2$ oder $z - (a + b) = \sqrt{2ab}$. Also ist $z - a = b + \sqrt{2ab}$ und $z - b = a + \sqrt{2ab}$ (s. S. 121).

13. Jetzt hat man einen Bambusstamm ‹mit einer› Höhe von 1 Klafter. Das Ende wurde abgeknickt[1]) ‹und› erreicht die Erde in 3 Fuß Entfernung von der Wurzel. Frage: Wie groß ist die Höhe des Knicks?[2]). Die Antwort sagt: $4^{11}/_{20}$ Fuß.

Die Regel lautet: Nimm die Entfernung von der Wurzel; ‹sie› wird mit sich selbst multipliziert; ‹das Produkt› soll durch die Höhe dividiert werden. Um das Ergebnis vermindere die Höhe des Bambusstammes und halbiere diesen Rest. Dann ‹ist es› die Höhe des Knicks.

[1]) T.: Ch'e = wegnehmen, abbrechen, herunterbiegen.
[2]) T.: „Höhe des Abgebrochenen". Die Lösung (s. Fig. 26) ist $a - x = (a - b^2/a) : 2$.

14. Jetzt hat man ‹folgenden Fall›: 2 Leute stehen ‹auf› dem gleichen Platz. Die Geschwindigkeit[1]) von A ‹ist› 7, die Geschwindigkeit von B ‹ist› 3. B geht nach Osten; A geht ‹zuerst› 10 Schritt nach Süden und biegt ‹dann› nach Nord-Osten ab ‹bis er› mit B zusammentrifft. Frage: Wie groß war jeder Weg, ‹der› des A ‹und› des B? Die Antwort sagt: B ging 10 Schritt ‹und› einen halben nach Osten. A ging 14 Schritt ‹und› einen halben in schräger ‹Richtung und› er erreichte ihn.

Die Regel lautet: Man soll 7 mit sich selbst multiplizieren ‹und› 3 ebenfalls mit sich selbst multiplizieren; ‹nachdem man dies› addiert ‹hat›, halbiere es. Nimm es als Koeffizient des schrägen Weges von A. Der Koeffizient des schrägen Weges wird von der mit sich selbst multiplizierten 7 subtrahiert. Der Rest ist der Koeffizient des Weges nach Süden. Mit 3 multipliziere 7; es ist der Koeffizient des Weges von B nach Osten. Lege hin die 10 Schritt des Weges nach Süden; mit dem Koeffizienten des schrägen Weges von A multipliziere es. Dann lege ‹wieder› hin die 10 Schritt; mit dem Koeffizienten des Weges von B nach Osten multipliziere es; jedes ‹Produkt› für sich ist ein Dividend. Teile die Dividenden durch den Wegkoeffizienten nach Süden. Jedesmal erhält man den Betrag des Weges[2]).

[1]) T.: Norm (lü*) des Weges. Später ist lü ein Koeffizient, der aus den Geschwindigkeiten c_1 und c_2 zusammengesetzt ist. Diese Koeffizienten sind:
Für den schrägen Weg $(c_1^2 + c_2^2)/2$, für den Weg nach Süden $(c_1^2 - c_2^2)/2$ und für den nach Osten $c_1 \cdot c_2 \cdot$ (s. Fig. 27).

[2]) Aus $z + 10 = {}^7/_3 \cdot y$ und $z^2 - 10^2 = y^2$ folgt $z - 10 = {}^3/_7 \cdot y$. Aus $z + 10$ und $z - 10$ ergibt sich $z = 29 \cdot y/21$; die Beziehung $(x + z)/y = {}^7/_3$ gibt jetzt $x = 20 \cdot y/21$. Da $y = 21 \cdot y/21$ ist, sind 29, 20, 21 pythagoreische Zahlen. Solche ergeben sich – u. U. noch mit einem Faktor versehen – für jedes rationale c_1 und c_2 (s. S. 107). Diese pythagoreischen Zahlen waren die genannten Koeffizienten. Da $x = 10$ bekannt ist, ist $y = 21 \cdot 10 : 20$ und $z = 29 \cdot 10 : 20$.

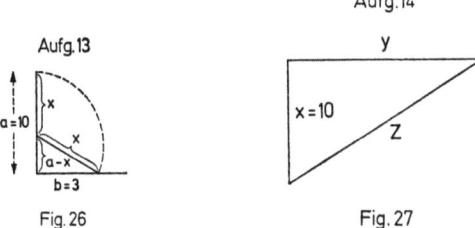

Aufg. 13   Aufg. 14

Fig. 26   Fig. 27

Es ist $c_1 = 7$ (für die schräge und südliche Richtung, $c_2 = 3$ (für die Ostrichtung). Also ist $7 : 3 = (x + z) : y$, da sich die Geschwindigkeiten wie die Wege verhalten.

15. Jetzt hat man eine waagrechte Kathete ⟨von⟩ 5 Schritt ⟨und⟩ eine senkrechte Kathete ⟨von⟩ 12 Schritt. Frage: Wie groß ist das in das rechtwinkelige Dreieck[1]) einbeschriebene Quadrat? Die Antwort sagt: Die Quadratseite ⟨ist⟩ $3^9/_{17}$ Schritt.

Die Regel lautet: Addiere die waagrechte ⟨und⟩ senkrechte Kathete; es ist der Divisor. Die waagrechte ⟨und⟩ senkrechte Kathete werden miteinander multipliziert; es ist der Dividend. Teile den Dividenden durch den Divisor; das Ergebnis ist die Quadratseite in Schritt[2]).

[1]) T.: „waagrechte Kathete" = rechtwinkliges Dreieck (Fig. 28).
[2]) Die Lösung $x = ab / (a + b)$ folgt aus der Ähnlichkeit oder dem Gnomonsatz (s. S. 135).

16. Jetzt hat man eine waagrechte Kathete ⟨von⟩ 8 Schritt ⟨und⟩ eine senkrechte Kathete ⟨von⟩ 15 Schritt. Frage: Wie groß ist der

Durchmesser des in das rechtwinkelige Dreieck einbeschriebenen Kreises? Die Antwort sagt: 6 Schritt.

Die Regel lautet: 8 Schritt ist die waagrechte Kathete, 15 Schritt ist die senkrechte Kathete; mache es ‹nach der Regel› „Suche die Hypotenuse". ‹Es sind› 3 Größen[1]); addiere sie. ‹Die Summe› ist der Divisor. Mit der waagrechten multipliziere die senkrechte Kathete ‹und› verdopple es; ‹dies› gibt den Dividenden. Teile den Dividenden durch den Divisor; das Ergebnis ist der Durchmesser in Schritt[2]).

[1]) T.: Wei = Sitz, Platz, Rang.
[2]) Der Satz vom einbeschriebenen Kreis (s. Fig. 29); Inhalt = ab/2 = = (a + b + c) · x/2 gibt den Durchmesser 2 x = 2 ab/(a + b + + $\sqrt{a^2 + b^2}$). Hierzu s. S. 135.

17. Jetzt hat man eine Stadt ‹mit quadratischem Grundriß›. Die Quadratseite ‹beträgt› 200 Schritt. In der Mitte jeder ‹Seite ist› ein offenes Tor. Geht man ‹aus dem› Osttor 15 Schritt heraus, hat man einen Baum. Frage: Wieviel Schritt ‹muß man aus dem› Südtor herausgehen, um den Baum zu sehen? Die Antwort sagt: $666^2/_3$ Schritt.

Die Regel lautet: Die Zahl der Schritt ‹beim Herausgehen aus dem› Osttor ist der Divisor. Die halbe Quadratseite der Stadt wird mit sich selbst multipliziert; es ist der Dividend. Teile den Dividenden durch den Divisor; du erhältst ‹das Gesuchte› in Schritt[1]).

[1]) Die Lösung x = $100^2/15$ folgt wieder (s. Fig. 30) aus dem Gnomonsatz 100^2 = 15 x oder aus der Ähnlichkeit x : 100 = 100 : 15.

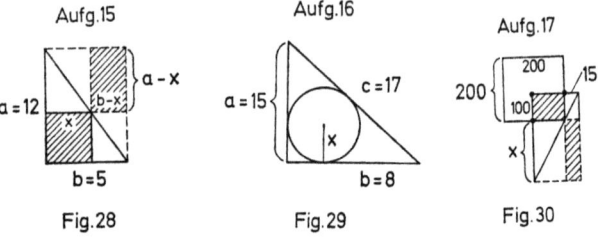

Aufg.15   Aufg.16   Aufg.17
Fig.28   Fig.29   Fig.30

18. Jetzt hat man eine Stadt ‹mit rechteckigem Grundriß. Von› Osten ‹nach› Westen ‹sind es› 7 Meilen, ‹von› Süden ‹nach› Norden ‹sind es› 9 Meilen. In der Mitte jeder ‹Seite ist› ein offenes Tor. Geht man ‹aus dem› Osttor 15 Meilen heraus, ‹dann› hat

man einen Baum. Frage: Wieviel Schritt ‹muß man aus dem› Südtor herausgehen, um den Baum zu sehen? Die Antwort sagt: 315 Schritt.
Die Regel lautet: Mit der Zahl der Schritt ‹vom› Osttor ‹nach› Süden bis zur Ecke multipliziere die Zahl der Schritt ‹vom› Südtor ‹nach› Osten bis zur Ecke; ‹das Produkt› ist der Dividend. Nimm die Zahl der Schritte, die der Baum vom Tor entfernt ist, als Divisor. Teile den Dividenden durch den Divisor[1]).

[1]) Die Lösung (s. Fig. 31) $x = (a/2 \cdot b/2) : d$ ergibt sich wieder aus $x \cdot d = a/2 \cdot b/2$ oder aus $x : b/2 = a/2 : d$.

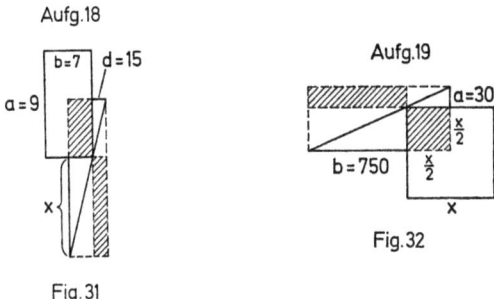

Fig. 31

Fig. 32

19. Jetzt hat man eine Stadt ‹mit quadratischem Grundriß›. Die Größe der Quadratseite kennt man nicht. In der Mitte jeder ‹Seite ist› ein offenes Tor. Geht man ‹aus dem› Nordtor 30 Schritte heraus, ‹dann› hat man einen Baum. Geht man ‹aus dem› Westtor 750 Schritt heraus, ‹dann› erblickt man den Baum. Frage: Wie groß ist die Quadratseite der Stadt? Die Antwort sagt: 1 Meile. Die Regel lautet: Man soll die beiden Schrittbeträge, ‹um die man› aus den Toren herausgegangen ‹ist›, miteinander multiplizieren und es dann vervierfachen; es ist der Radikand. Ziehe daraus die Quadratwurzel; dann erhält man die Quadratseite der Stadt[1]).

[1]) Es ist (s. Fig. 32) $x/2 \cdot x/2 = ab$; also $x = \sqrt{4ab}$.

20. Jetzt hat man eine Stadt ‹mit quadratischem Grundriß›. Man weiß nicht, ‹ob› die Quadratseite groß ‹oder› klein ‹ist›. In der Mitte jeder ‹Seite ist› ein offenes Tor. Geht man ‹aus dem› Nordtor 20 Schritt heraus, ‹dann› hat man einen Baum. Geht man ‹aus dem› Südtor 14 Schritt heraus, biegt ab und geht nach Westen

1775 Schritt, ‹dann› erblickt man den Baum. Frage: Wie groß ist die Quadratseite der Stadt? Die Antwort sagt: 250 Schritt.

Die Regel lautet: Mit der Zahl der Schritt, ‹die man aus dem› Nordtor herausgegangen ‹ist›, multipliziere die Zahl der Schritt, ‹die man nach› Westen gegangen ‹ist›; verdopple es, ‹dann› ist es der Dividend. Addiere die Schrittbeträge, ‹um die man aus dem› Südtor ‹und dem Nordtor› herausgegangen ‹ist›, es ist der ergänzte Divisor. Ziehe daraus die Quadratwurzel; ‹dann› gibt es die Quadratseite der Stadt[1]).

[1]) Der Gnomonsatz (s. Fig. 33) gibt $a \cdot (c - x/2) = x/2 \cdot (b + x)$; hieraus folgt die quadratische Gleichung $x^2 + (a + b) \cdot x = 2ac$ bzw. $x^2 + 34x = 71000$. Die im Text auftretenden Fachwörter (shih = Dividend oder Radikand, „ergänzter Divisor", „ziehe die Quadratwurzel") zeigen, daß es sich um die hier nicht durchgeführte numerische Lösung der quadratischen Gleichung nach dem Horner-Schema handelt. Hierzu s. S. 133.

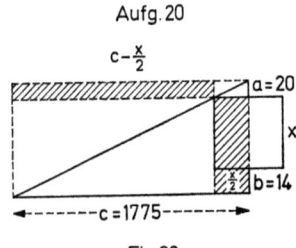

Aufg. 20

Fig. 33

21. Jetzt hat man eine Stadt ‹mit quadratischem Grundriß›; die Quadratseite ‹ist› 10 Meilen. In der Mitte jeder ‹Seite ist› ein offenes Tor. A ‹und› B ‹kommen› beide von dem Mittelpunkt der Stadt und gehen heraus. B geht heraus ‹nach› Osten; A geht heraus ‹nach› Süden. Man kennt die Zahl der Schritte nicht, ‹die er aus dem› Tor herausgeht; er biegt in Richtung nach dem Osten ab, geht scharf an der Stadt‹ecke› vorbei ‹und› trifft gerade mit B zusammen. Die Geschwindigkeiten ‹sind›: A geht 5, B geht 3. Frage: Wie groß ist jeder Weg, ‹der› des A ‹und› des B? Die Antwort sagt: A geht 800 Schritt ‹aus dem› Südtor heraus, biegt ‹nach› Nord-Osten ab ‹und› geht 4887 Schritt ‹und› einen halben, ‹und› trifft B. B geht ‹nach› Osten 4312 Schritt ‹und› einen halben.

Die Regel lautet: Man soll 5 mit sich selbst multiplizieren ‹und› 3 ebenfalls mit sich selbst multiplizieren; ‹nachdem man dies› addiert ‹hat›, halbiere es. Nimm es als Koeffizient des schrägen

Weges. Der Koeffizient des schrägen Weges wird von der mit sich selbst multiplizierten 5 subtrahiert. Der Rest ist der Koeffizient des Weges ‹nach› Süden. Mit 3 multipliziere 5; es ist der Koeffizient des Weges von B ‹nach› Osten. Lege hin die Quadratseite der Stadt ‹und› halbiere sie; multipliziere es mit dem Koeffizienten des Weges ‹nach› Süden ‹und› dividiere ‹das Produkt› durch den Koeffizienten des Weges ‹nach› Osten. Dann erhält man die Zahl der Schritte, ‹die A aus dem› Südtor herausgegangen ist; damit vergrößere die halbe Quadratseite der Stadt, dann ‹ist es der gesamte› Weg ‹von A nach› Süden. Lege hin die Schritt des Weges ‹nach› Süden; sucht man die Hypotenuse, ‹dann› multipliziere es mit dem Koeffizienten des schrägen Weges, sucht man ‹den Weg nach› Osten, ‹dann› multipliziere es mit dem Koeffizienten des Weges ‹nach› Osten. Jedes ‹Produkt› für sich ist ein Dividend. Teile den Dividenden durch den Koeffizienten des Weges ‹nach› Süden. Man erhält ‹die Werte› in Schritt[1]).

[1]) Das Problem ist das der Aufgabe 14 in etwas abgewandelter Form. Zuerst werden für das Dreieck MAB (Fig. 34) die Wegkoeffizienten $k_z = 17, k_x = 8, k_y = 15$ berechnet. Dies gibt $z = 17 \cdot y/15, x = 8 \cdot y/15$ und $y = 15 \cdot y/15$. Von da an läuft die Lösung anders. Aus der Ähnlichkeit von CAD und MAB folgt $x_1 1500 = x/y = {}^8/_{15}$, also $x_1 = 800$; ferner $x = 800 + 1500 = 2300$. Nimmt man jetzt für $y/15$ den Wert von $x/8$, dann folgt $z = 17 \cdot 2300 : 8$ und $y = 15 \cdot 2300 : 8$, wie es auch vorgerechnet wird.

Aufg. 21

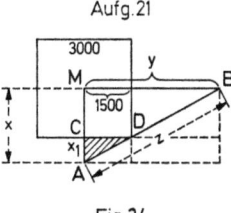

Fig. 34

22. Man hat einen Baum; ‹er steht› von einem Mann entfernt; den Abstand kennt man nicht[1]). In der Nähe sind ‹in Quadratform› 4 Markierungsstäbe aufgestellt; jeder ‹ist› von dem andern 1 Klafter entfernt. Es sollen links zwei[2]) Stäbe mit dem anvisierten ‹Baum› hintereinander stehend gesehen werden. Vom rechten hinteren Stab aus visiert ‹der Beobachter› den Baum ‹an›[3]); ‹die Visierlinie› reicht vom vorderen rechten Stab 3 Zoll hinein[4]). Frage: Wie groß ist die Entfernung ‹zwischen› dem Baum ‹und› dem Mann? Die Antwort sagt: 33 Klafter 3 Fuß $3^1/_3$ Zoll.

Die Regel lautet: Es soll 1 Klafter mit sich selbst multipliziert werden; es ist der Dividend. Nimm 3 Zoll als Divisor. Teile den Dividenden durch den Divisor[5]).

[1]) Gesucht ist (s. Fig. 35) die Entfernung AB; der Beobachter visiert den Baum zuerst von A aus an, dann geht er nach D.
[2]) T.: beide.
[3]) T.: beobachtet ihn.
[4]) Nämlich in Richtung EC.
[5]) Lösung: $x = 100^2 : 3$.

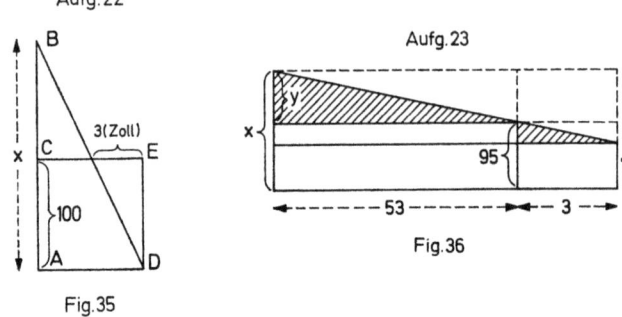

Fig. 35

Fig. 36

23. Ein Berg liegt westlich eines Pfahles; seine Höhe kennt man nicht. Die Entfernung des Berges ‹von dem› Pfahl ‹ist› 53 Meilen, die Höhe des Pfahles 9 Klafter 5 Fuß. Ein Mann steht 3 Meilen östlich des Pfahles; er erblickt die Spitze des Pfahles in gleicher Richtung mit der Bergspitze. Das Auge des Mannes liegt ‹in einer› Höhe von 7 Fuß. Frage: Wie groß ist die Höhe des Berges? Die Antwort sagt: 164 Klafter 9 Fuß $6^2/_3$ Zoll.

Die Regel lautet: Lege hin die Höhe des Pfahles; subtrahiere ‹davon› die 7 Fuß der Augenhöhe des Mannes; mit dem Rest multipliziere die 53 Meilen; das Produkt ‹ist› der Dividend. Nimm die 3 Meilen der Entfernung des Mannes vom Pfahl als Divisor. Teile den Dividenden durch den Divisor. Was man erhalten hat, addiere zur Höhe des Pfahles; dann ‹ist es› die Höhe des Berges[1]).

[1]) Zuerst (s. Fig. 36) wird berechnet $y = (95 - 7) \cdot 53 : 3$, dann $x = y + 95$ (s. S. 136.).

24. Jetzt hat man ‹folgenden Fall›: Der Durchmesser eines Brunnens ‹ist› 5 Fuß; seine Tiefe kennt man nicht. Auf dem

oberen ‹Rand› des Brunnens steht eine Stange von 5 Fuß. Der Blick von der Spitze der Stange ‹nach› dem Rand des Wassers reicht in den Durchmesser ‹um› 4 Zoll hinein. Frage: Wie groß ist die Tiefe des Brunnens? Die Antwort sagt: 5 Klafter 7 Fuß 5 Zoll.

Die Regel lautet: Lege hin die 5 Fuß des Brunnendurchmessers. Vermindere ihn um die 4 Zoll, ‹um die es in den› Durchmesser hineinreicht. Mit dem Rest multipliziere die 5 Fuß der aufgestellten Stange; ‹das Produkt› ist der Dividend. Nimm die 4 Zoll, ‹um die es in den› Durchmesser hineinreicht, als Divisor. Teile den Dividenden durch den Divisor; du erhältst es in Zoll[1]).

[1]) Die Rechnung (s. Fig. 37) ist x = (50 — 4) · 50 : 4.

Aufg. 24

Fig. 37

Der mathematische Inhalt

Die Zahlen und ihre Wiedergabe

Zur schriftlichen Wiedergabe von Zahlen werden in den „Neun Büchern" Schriftzeichen verwendet, deren Form spätestens seit dem 3. Jh. v. Chr. festliegt. Es sind dies *Symbole* für die Zahlen von 1 bis 9, dann für 10, 100, 1000, 10000 und $10000^2 = 100000000$*. Die Zeichen werden mit der höchsten Stelle beginnend in den von rechts nach links angeordneten Kolumnen von oben nach unten angeschrieben. Die Zahlen erscheinen so in Myriaden zusammengefaßt, innerhalb deren multiplikative Verbindungen der Einersymbole mit den Individualzeichen für 10, 100, 1000 usw. gebildet werden. Die größte im Text [IV; 24] vorkommende Zahl 1 644 866 437 500 lautet demnach: 1 Zehntausender 6 Tausender 4 Hunderter 4 Zehner ‹und› 8 Hundertmillionen 6 Tausender 6 Hunderter 4 Zehner ‹und› 3 Zehntausender 7 Tausender 5 Hunderter. Im Text sollen die Zahlen nach Myriaden geordnet bleiben, wie hier: 1 6448 6643 7500. Hätte man noch ein Zeichen für die Null gekannt, dann hätten die 9 Einersymbole gereicht, die höheren Individualzeichen wären überflüssig und das dezimale Positionssystem wäre geschaffen. Näher an die dezimale Positionsschreibung kommt eine zweite, allerdings nicht schriftliche Wiedergabe der Zahlen durch die Chinesen, wenn sie ihre *Rechenstäbchen* verwenden, die sie auf einer Unterlage, einem Rechenbrett, auflegten, was seit dem 6. Jh. v. Chr. bezeugt ist. Die Zahlen von 1 bis 9 sehen jetzt folgendermaßen aus:

|	||	|||	||||	|||||	┬	╥	╤	╦
1	2	3	4	5	6	7	8	9

Dieselben Stäbchenzahlen dienten auch zur Bezeichnung der Hunderter und aller Potenzen 10^{2n} ($n = 1, 2, 3..$), während sie zur Darstellung der Zehner und aller weiteren Potenzen 10^{2n+1} ($n = 1, 2, 3..$) gedreht an der jeweiligen Stelle in folgender Form aufgelegt wurden:

—	=	≡	≣	≣	⊥	⊥	⊥	⊥
10	20	30	40	50	60	70	80	90

Ein Zeichen für Null ist nicht benötigt; der betreffende Platz bleibt eben frei wie z. B. bei 280356 = = ≣ ||| ≣ ┬.

Wie mit den Stäbchen gerechnet wurde, erfährt man aus den „Neun Büchern" nicht; erst Sun Tzu (3. Jh. n. Chr.) hat es geschildert [2(3); 23]. Manche Ausdrücke des Textes aber weisen deutlich darauf hin (s. S. 109). Man hat sich des Rechenbrettes bei den Einzelrechnungen bedient, die zwar im Text fehlen, aber notwendig waren, damit man zu der angegebenen Lösung kam.

Als ein [Fachwort für die Dezimalstelle wird têng = Stufe oder Rang verwendet [IV; 16], während es wie in [IV; 22] gewöhnlich wei = Platz heißt [14(1); 83]. *Ordinalzahlen* werden immer umschrieben, meist durch das Zahlpräfix ti = Ordnung, Nummer [VI; 17]. Auch wurde das erste der gezählten Dinge oder „Male" als ch'u = Beginn [VI; 19. VII; 20] oder als ch'ien = zuvor [VI; 28] bezeichnet, während alle weiteren Ordnungszahlen nur als „der nächste" eingeführt werden, in [VI; 19] bis zu achtmal. Manchmal steht auch die Kardinalzahl da, wie „1 Tag" statt „der 1. Tag" [VII; 11, 19] oder „dieser 1 Kanal" statt „der 1. Kanal" [VI; 26].

Zur Festlegung einer Reihenfolge für Leute, Familien, Bezirke u. a. kennt der Text auch die unserer alphabetischen Numerierung entsprechenden Schriftzeichen der sogenannten Zehnerreihe*, von denen die ersten 6, also A, B, C, D, E und F, vorkommen. Für „Zahl" werden mancherlei Ausdrücke gebraucht, meist shu (= Zahl, Größe, Menge) oder chi (= Anhäufung, Betrag), dies besonders zur Bezeichnung des Flächen- und Rauminhalts. Einmal [IX; 16] kommt für „Größe" oder „Zahlenwert" auch wei (s. o.) vor. Will man *reziproke* Werte bekommen, dann heißt es: Kehre die Zahl um; z. B. fan ch'ui = Kehre die Verhältniszahlen um [III; 8. VI; 5].

Relative Zahlen werden im Buch VIII bei der Matrizenrechnung eingeführt. Die „Benennung" (ming = Name) der positiven Zahlen ist chêng (= aufrecht, wirklich), die der negativen Zahlen fu (= wegtragen).

Das Schriftzeichen für 1 (—) hat eine vielseitige Verwendung. Von ihm als Ordinalzahl war schon die Rede; dazu gehört auch 1 als „der andere" wie bei: „diese 1 Regel" = eine zweite Regel [VI; 26]. Dann kommt 1 auch in einem eigenartigen Divisionsterminus* vor, in dem es heißt: „Der Dividend kommt zum Divisor und ⟨bildet⟩ 1". Der Quotient wird also als eine 1, als eine zusammengehörende Einheit aufgefaßt. Eine weitere Verwendung von 1 sieht man im Buch VI, wo 1 in Verbindung mit der Maßeinheit oder der Benennung des Ergebnisses dasteht. Wenn es z. B.

heißt: „Du erhältst 1 Tag" [VI; 20] oder „Du erhältst 1 Geldstück" [VI; 7], so ist doch $3^{15}/_{16}$ Tag und $27^{11}/_{15}$ Geldstück gemeint. Schließlich werden unter 1 auch die einzelnen Ziffern verstanden, die man beim Radizieren der Reihe nach „diskutiert" hat (s. S. 115).

Zu nennen ist noch eine Bezeichnung für die Ganzen (ch'üan) in einer gemischten Zahl sowie ein vielseitig verwendetes Schriftzeichen*, das neben shuai (= führen) als lü oder auch lei gelesen werden kann. Als lü ist es Rate, Norm oder Meßzahl, z.B. bei der Umrechnung von Feldfrüchten [II]; es ist eine Maßzahl einer Differenz [VI; 17], des Weges (= Geschwindigkeit) [IX; 14]; es ist ferner die Versuchszahl beim falschen Ansatz [VII], oder es heißt – wie shu – einfach nur Anzahl oder Menge [VI; 2]. Es kommt auch lü als Einzelpreis [II; 33] oder als kleinste Maßeinheit [II; 37] vor. Als lei heißt das Schriftzeichen „rechnen" oder „Rechnung" wie z.B. in [I; 38]: „Genauere Rechnung".

Schließlich sollen noch bei den Zahlen die *pythagoreischen Zahlentripel* erwähnt werden. Sie waren offenbar bereits bekannt, als man die Aufgaben von [IX] zusammenstellte, die ja sonst keine ganzzahligen Lösungen in allen Fällen gehabt hätten. Anderseits zeigen die Aufgaben [IX; 14, 21], wie man pythagoreische Zahlen finden kann. Da c_1, c_2 und s in [IX; 14] rational gegeben sind, gibt die Rechnung aus (1) $z+s = c_1/c_2 \cdot y$ und (2) $z^2 - s^2 = y^2$ zuerst (3) $z-s = c_2/c_1 \cdot y$ und $z = \dfrac{(c_1^2 + c_2^2) \cdot y}{2c_1c_2}$ (durch Addition von (1) und (3)). Aus $z^2 - y^2 = x^2$ folgt $x = \dfrac{(c_1^2 - c_2^2) \cdot y^{1)}}{2c_1c_2}$. Da schließlich $y = \dfrac{2c_1c_2 \cdot y}{2c_1c_2}$, sind $\dfrac{c_1^2 + c_2^2}{2}$, $\dfrac{c_1^2 - c_2^2}{2}$ und c_1c_2 pythagoreische Zahlen. Die im Text vorkommenden Tripel bzw. deren Vielfache und Teile sind: 3, 4, 5 (6, 8, 10); 5, 12, 13; 7, 24, 25 (28, 96, 100); 8, 15, 17; 20, 21, 29 ($^{20}/_2$, $^{21}/_2$, $^{29}/_2$); $^{20}/_2$, $^{99}/_2$, $^{101}/_2$ und 20·5, 99·5, 101·5; $^{48}/_6$, $^{55}/_6$, $^{73}/_6$; $^{60}/_{20}$, $^{91}/_{20}$, $^{109}/_{20}$.

Die Brüche

Der Bruch fên* (= verteilen, Anteil) besteht aus dem Zähler tzu (= Sohn) oder fên tzu und dem Nenner mu* (= Mutter)

---
[1]) In [IX; 14] ist $x = 3$ gegeben.

oder fên mu. Unser allgemeiner Bruch A/B wird ausgedrückt durch die Wendung „B fên chih A" = A von B Teilen[1]), z. B. $^{12}/_{18}$ = 12 von 18 Teilen = 18 fên chih 12*. Ein eigenes Wort für $^1/_2$ ist pan* (= halbieren); außerdem werden $^1/_3$ und $^2/_3$* die kleine oder große Hälfte genannt. Doch kommt auch die gewöhnliche Bruchbezeichnung vor, z. B. [IV; 1]: Ein Halbes, das ist 1 von 2 Teilen.

Das Kürzen von Brüchen heißt yo (= abschätzen, in Ordnung bringen, vergleichen); gelegentlich [VII; 19] wird auch ch'u (= dividieren) verwendet. Einfache Zahlen oder Zahlenverhältnisse können auch im Kopf gekürzt oder erweitert[2]) werden wie 54 : 50 = 27 : 25 [II; 8] oder $13^1/_2$: 50 = 27 : 100 [II; 5]. Das Aufsuchen des g.g.T. wird in [I; 6] erklärt. Dabei werden Zähler und Nenner – ähnlich wie beim Euklidischen Algorithmus – durch „Gegenseitiges Subtrahieren verändert". Das Auf- und Abrunden von Brüchen ist ein „Einordnen nach oben oder unten" [VI; 1]. Über die Bildung des Hauptnenners und den Zusammenhang zwischen Division und Bruch s. S. 109, 111 f.

Für die Existenz des *Dezimalbruches* finden sich schon Ansätze. Einmal wird dieser Begriff durch die Anordnung der Rechenstäbchen auf dem Rechenbrett vorbereitet, desgleichen durch die Metrologie. So ist bei den Hohlmaßen 1 Hu = 10 Tou = 100 Shêng; ebenso 1 Klafter = 10 Fuß = 100 Zoll (s. S. 139 f.). In einem Fall wird $^8/_{10}$ direkt „8 Bruchteile" (= 8 fên) genannt [VII; 20]; ebenso in [IX; 4] 5 fên = $^5/_{10}$. In ähnlicher Weise wird auch der Zoll, der ja $^1/_{10}$ Fuß ist, verwendet. Wenn z. B. in [V; 21] ein Volumen von 1 Fuß 6 Zoll als 1,6 Kubikfuß erscheint und nicht als 1,006 Kubikfuß, so hat hier der „Zoll" die Bedeutung von $^1/_{10}$ angenommen. Desgleichen steht in [V; 25] 2 Fuß 7 Zoll, 1 Fuß $6^1/_5$ Zoll und 2 Fuß $4^3/_{10}$ Zoll für 2,7 bzw. 1,62 und 2,43 Kubikfuß[3]).

Die Grundrechnungen

Das Rechnen auf dem Rechenbrett

Wenn auch die „Neun Bücher" auf das Rechnen mit Rechenbrett und Rechenstäbchen nicht eingehen, so zeigen doch schon die Fachwörter und auch manche Methoden, daß man sich des

---

[1]) Chih ist hier Genitivpartikel.
[2]) Hierfür wird kein Fachwort angegeben. Vielleicht ist es chan = ausbreiten analog [III, 16], wo 1 Pfund zu 16 Unzen reduziert wird.
[3]) Oder man müßte eine andere Volumeneinheit „Zoll" als Schichtmaß mit der Grundfläche 1 Quadratfuß und der Höhe 1 Zoll annehmen.

Rechenbretts bei den Einzelberechnungen bediente und daß die Bekanntschaft mit ihm vorausgesetzt wird. Das Addieren und Subtrahieren ist ein „Dazulegen" und „Wegnehmen" der Rechenstäbchen, und so beginnt das Lösungsrezept meist mit der Aufforderung: „Lege hin" (chih = auslegen, beiseitelegen), nämlich die Ausgangszahl in Gestalt der Rechenstäbe. Einmal liest man auch: Lege es nach links hin [IV; vor 1]. Diese Ausgangszahl, z. B. ein Dividend oder auch ein Radikand, wird jetzt dekadisch von rechts nach links geordnet auf dem Brett in einer Zeile (hang) aufgelegt; an ihr kann sofort weitergerechnet werden durch Hinzulegen oder Wegnehmen weiterer Stäbchen. Unter der Anfangszeile, auf der die ganzen Zahlen stehen, folgen „unten" eine zweite und dritte für Zähler und Nenner von Brüchen. Während sich die Addition und Subtraktion ganzer Zahlen von selbst ergibt, sind weitere Zeilen für die Multiplikation und Division sowie für die Berechnung der Wurzel nötig. Hier wie auch sonst, wenn ein Divisor unter einen Dividenden aufgelegt werden muß (s. S. 134f.), dann beim Bruchrechnen (Aufsuchen des Hauptnenners und des g.g.T.) kommt man ohne das Rechenbrett nicht aus. Treten negative Zahlen auf (s. S. 106, 129), dann hat man wohl schon damals Gebrauch gemacht von einem der für später bezeugten Darstellungsmittel (Verwendung zweierlei Farben oder Formen der Stäbe, Unterscheidung der negativen Zahlen durch einen quergelegten Stab) [14(1); 90f.].

Die Addition

Vom Rechenbrett her erklären sich auch die Bezeichnungen für das Addieren als ho (= zusammenlegen, ursprünglich: einschließen, verbinden) oder als ein Vereinigen = ping. Daneben sind weitere Wendungen in Gebrauch wie: dazusetzen, vergrößern, hinzutreten u. a. Ein eigenes Wort für Summe außer „Das Addierte" (ho) oder die allgemeine Bezeichnung „Ergebnis" kommt nicht vor.

Beim Addieren von Brüchen (ho fên) muß ein Hauptnenner gefunden werden, auf den dann alle Brüche gebracht werden. Das Verfahren, das in [I; 9] geschildert wird, spielt sich in 4 Schritten ab:
1. Jeder Zähler wird mit allen anderen Nennern der Reihe nach multipliziert[1].
2. Die Produkte werden addiert.

---

[1] T.: mu hu ch'êng tzu = Nenner hintereinander multiplizieren Zähler.

3. Die Nenner werden miteinander multipliziert[1]).
4. Die Summe wird durch das letzte Produkt dividiert.
Es ist also
$a_1/b_1 + a_2/b_2 + a_3/b_3 = (a_1 b_2 b_3 + a_2 b_1 b_3 + a_3 b_1 b_2) : b_1 b_2 b_3$
oder allgemein:

$$a_1/b_1 + a_2/b_2 + \ldots a_n/b_n = \left[\sum_{v=1}^{n} a_v \cdot \frac{\prod_{\rho=1}^{n} b_\rho}{b_v} \right] : \prod_{\rho=1}^{n} b_\rho.$$

Das Fachwort für den Hauptnenner (bzw. das zugehörige Zeitwort) ist t'ung (= durchgehen, durchgehends). So heißt es z.B. in [I; 18]: Hat man Brüche, so „hauptnennere" sie. Bei den Aufgaben von Buch IV wird statt des auf die genannte Weise entstehenden Hauptnenners meistens das k.g.V. genommen.

Das Addieren negativer Größen erfolgt nach der Chêng-Fu-Regel [VIII; 3].

Die Subtraktion

Das wichtigste Fachwort für Subtrahieren ist chien (= vermindern, abnehmen). Andere Ausdrücke, die ebenfalls vom Handhaben des Rechenbretts herkommen, sind: wegnehmen, wegbewegen, wegtun (= ch'u, das auch für Dividieren gebraucht wird), zerstören, weggehen, unvollständig machen u.ä. Die Differenz heißt yü (= Überschuß). Daneben existieren noch andere Wörter für Überschuß oder Fehlbetrag oder Umschreibungen wie: Das gegenüber dem anderen Größere.

Das Subtrahieren von Brüchen wird in [I, 11] besprochen; auch hier ist ein Hauptnenner nötig wie auch beim Vergleichen von Brüchen [I; 14] oder beim Bestimmen eines Mittelwertes mehrerer Brüche [I; 16]. Das Subtrahieren negativer Größen erfolgt wieder nach der Chêng-Fu-Regel [VIII; 3].

Die Multiplikation

Für Multiplizieren hat sich bereits ein einheitliches Fachwort durchgesetzt, nämlich ch'êng = fahren. Offenbar denkt man an das Hin- und Herfahren; so ist auch die Identität von fan = umkehren mit fan = „Mal" verständlich. Auch die Schriftzeichen der Zahlen selbst werden als multiplikative Zeitwörter mit dem Akkusativobjekt „es" verwendet. In einer Aufgabe [VI; 27] sollen z.B. 5 Tou Reis hintereinander mit 3, 5 und 7 multi-

---

[1]) T.: Mu hsiang ch'êng = Nenner miteinander werden multipliziert.

pliziert werden; so steht nur da: „3 es, 5 es, 7 es". Eine spezielle Multiplikation ist das Verdoppeln = pei [z. B. III; 4] sowie das „Über Kreuz multiplizieren" beim falschen Ansatz (s. S. 129). Wie die Multiplikationen auf dem Rechenbrett im einzelnen durchgeführt wurden, ersieht man aus den „Neun Büchern" nicht. Dagegen zeigt die Beschreibung von Sun Tzu, daß man bereits wie Alchwārizmī rechnete [2 (2); 38ff.].
Sollen Brüche miteinander multipliziert werden, so wird das Zählerprodukt durch das Nennerprodukt dividiert [I; 21]. Das Verfahren beim Multiplizieren gemischter Zahlen schildert die Regel zur „allgemeinen Feldermessung" [I; 24]. Dabei werden auch die Ganzen auf den Hauptnenner gebracht.
Ein Fachwort für die Potenz kommt nicht vor. Soll die 2. Potenz gebildet werden, so heißt es immer: multipliziere es mit sich selbst. Dagegen treten die der Geometrie entnommenen Wörter „Quadrat" und „Würfel" auf, wenn es sich um die Berechnung der Wurzel handelt [IV]. Dabei wird auch das Erheben in die 3. Potenz nur als ein „wiederholtes Multiplizieren" bezeichnet [IV; 22].

Die Division

Das für Dividieren hauptsächlich gebrauchte Wort ist ch'u (= wegtun), das auch für Subtrahieren verwendet wurde und das so zeigt, daß man das Dividieren als ein Wegnehmen auffaßte und so auch ursprünglich durchführte. Andere Wörter sind yo, das auch für Kürzen gebraucht wurde, und bei Brüchen auch ching (= klassische Bücher, ordnen, regulieren). Der Dividend heißt shih (= das wirklich Vorhandene), der Divisor fa (= Gesetz, gesetzliches Maß). Die Durchführung der Division auf dem Rechenbrett beschreibt wieder Sun Tzu [2(3); 23f.]; sie entspricht der Alchwārizmīs. Wenn in den Aufgaben eine Division durchgeführt werden muß, dann heißt es im Text meistens: shih ju fa êrh i* = Der Dividend kommt zum Divisor und ⟨bildet⟩ 1[1]). Der Quotient ist also eine zusammengehörende Einheit, die mit einem Bruch identisch ist. Eine Variante des Divisionsterminus ist shih ju fa tê i [II; 33. u. p.], wobei tê „Ergebnis", „es ergibt" bedeutet[2]).

---

[1]) Es wurde immer übersetzt mit: Teile den Dividenden durch den Divisor.
[2]) Meist schließt die Rechenvorschrift mit dem Divisionsterminus; das Ergebnis war ja schon vorher bei „Die Antwort sagt" mitgeteilt worden. Nur manchmal folgt noch eine Ergänzung wie: Ergebnis ist die Länge in Schritt [IV; 1—11].

Statt der Wörter shih und fa können auch die betreffenden Zahlen selbst oder die zugrundliegenden Benennungen eingesetzt werden. So heißt es z.B. in [IX; 9]: Der quadrierte halbe Sägeschnitt kommt zur Tiefe und 1; in [VI; 1]: Die Zahl der Höfe kommt zu den Reisetagen und 1; in [IV; 16]: Das Ergebnis kommt zum Nenner und 1; in [V; 28]: Ordne an: Höhe und 1 (= es soll durch die Höhe dividiert werden).

Manchmal erscheint der Divisionsterminus auch in gekürzter Form:

1. Es fehlt êrh i bzw. tê i. Z. B. [III; 10]: Dividend kommt zum Divisor; Ergebnis in Rohseide. [III; 11–13]: Dividend kommt zum Divisor; Ergebnis in Geldstücken.

2. Es fehlt ju, wobei noch statt shih und fa die Zahlen oder Namen stehen, z. B.:

[V; 1]:	Alles 4 und 1	= Alles : 4.
[I; 32]:	u^2 12 und 1	= u^2 : 12.
[II; 1]:	verdreifache es 5 und 1	= das erhaltene Produkt : 5.
[V; 13]:	$u^2 \cdot h$ 36 und 1	= $u^2 \cdot h$: 36.

Die Wendung: „Mou Divisor und 1" [I; 28, 30] meint dasselbe wie in [I; 38]: „Mit Mou als Divisor (oder: Nimm Mou als Divisor) dividiere es" (= i mou fa ch'u chih); in [I; 2] steht ausführlicher: „Mit Mou als Divisor, ⟨nämlich⟩ 240 Schritt, dividiere es." Der Sinn ist also, daß man mit 240 dividieren muß; um die Fläche in Mou zu bekommen.

Nur selten fehlt der ausführliche Divisionsterminus, nachdem man den Dividenden und den Divisor ausgerechnet hat. Dann heißt es nur „Dividiere es" (ch'u chih) wie in [V; 21].

Bei der Durchführung der Division bleibt vielfach ein Rest, worauf an verschiedenen Stellen hingewiesen wird. So steht in [I; 38]: Den als Bruch übriggebliebenen Rest der Fläche in Pu, kürze ihn mit einer gleichen Zahl.

In [VII; 19] heißt es: Wenn es unvollständig ist (= die Division nicht aufgeht), kürze es (ch'u) mit einer gleichen Zahl und gib den Bruch (fên) an. Die Aufgabe war 15000 : 955; bei der Ausrechnung stellte sich heraus, daß die Division nicht aufgeht; der Rest $^{675}/_{955}$[1]) wird zu $^{135}/_{191}$ gekürzt. Zu chin [VII; 19] s. S. 79 ff.

---

[1]) Aus dem Divisor fa ist jetzt der Nenner mu geworden.

In [I; 9] ist eine etwas andere Wendung gebraucht: „Wenn es den Divisor nicht erfüllt, dann benenne es nach dem Divisor". So führt 113 : 63 zu $1^{50}/_{63}$ [I; 8]. Zu man [VIII; 2] s. S. 82.

Für die Division von Brüchen (ching fên) wird in [I;18] als Regel angegeben, daß zuerst Dividend und Divisor auf den gleichen Nenner gebracht werden sollen, also:

a/b : c/d = ad/bd : cb/bd = ad : bc.

Die Quadrat- und Kubikwurzel

Die am Ende des Buches IV beschriebene Methode des dezimal durchgeführten numerischen Radizierens, die hier in der mathematischen Literatur erstmals auftritt, ist ein hervorragendes Zeugnis für den hohen Stand der chinesischen Mathematik der Hanzeit. Sie ist – mit kleinen Abwandlungen in der Form – dieselbe wie bei den Indern [4], Arabern [11] und im abendländischen Mittelalter [12] und lebt noch im modernen Algorithmus des Wurzelziehens fort.

Die Quadratwurzel

Der Grundgedanke bei der Berechnung der Quadratwurzel (k'ai fang)[1]) ist folgender: Für $N = (A_1 + A_2 + A_3 + .. A_n)^2$ gilt $N = A_1^2 + [2(A_1) + A_2] \cdot A_2 + [2(A_1 + A_2) + A_3] \cdot A_3 + \ldots\ldots [2(A_1 + A_2 + \ldots A_n-1) + A_n] \cdot A_n$. Ist die Wurzel 3zifferig, dann ist $N = A_1^2 + [2A_1 + A_2] \cdot A_2 + [2(A_1 + A_2) + A_3] \cdot A_3$. Dabei ist $A_1 = 100a$, $A_2 = 10b$ und $A_3 = c$.

Nun muß durch Ausprobieren oder Nachsehen in einer Potenztabelle (k'o = diskutieren, examinieren) die größte Zahl A_1 gefunden werden, für die $A_1^2 < N$ ist[2]); es wird jetzt $N - A_1^2$ gebildet, dann ein A_2 abgeschätzt durch $(N - A_1^2) : 2A_1 \approx A_2$ und weiterhin $(2A_1 + A_2) \cdot A_2$ vom ersten Rest $N - A_1^2$ subtrahiert. Analog wird zur Bestimmung von A_3 verfahren.

Eine rasche numerische Lösung, die nur Additionen, Subtraktionen und Multiplikationen mit Einern benötigt, bekommt man in dem bekannten Horner-Schema, das allgemein der Lösung von Gleichungen höheren Grades dient und das im wesentlichen mit dem chinesischen Verfahren übereinstimmt [14(2)]. Es soll an der Aufgabe [IV; 13] $x = \sqrt{2\,5281}$ gezeigt werden. Hier ist

---
[1]) k'ai = öffnen; fang = Quadratseite.
[2]) Eigentlich die größte ganze Zahl, für die $a^2 < N/1\,000$ ist.

$x^2 = 2\,5281 = (100a + 10b + c)^2$. Es werden folgende 6 Substitutionen durchgeführt:

I. $x = 100x_1$, also $x_1^2 = 2{,}5281$. Das größte a mit $a^2 < 2{,}5281$ ist $a = 1$.
II. $x_1 = 1 + y$. Dies gibt $y^2 + 2y = 1{,}5281$[1]).
III. $y_1 = 10y$. Dies gibt $y_1^2 + 20y_1 = 152{,}81$, was auch als $y_1 = 152{,}81 : (20 + y_1)$ geschrieben werden kann. Hieraus wird $b = 5$ entnommen, da sich $b > 5$ als zu groß erweist.
IV. $y_1 = 5 + z$. Dies gibt $z^2 + 30z = 27{,}81$[2]).
V. $z_1 = 10z$; also $z_1^2 + 300z = 2781$. Aus $z_1 = 2781 : (300 + z_1)$ wird $c = 9$ abgeschätzt.
VI. $z_1 = 9 + u$. Hieraus $u^2 + 318u = 0$. So ist eine Lösung $u = 0$; ferner $z_1 = 9$; $z = 0{,}9$; $y_1 = 5{,}9$; $y = 0{,}59$; $x_1 = 1{,}59$ und $x = 159$. Die 2. Lösung $u = -318$ gibt $x = -159$.

In Tabellenform angeschrieben sieht das Ganze in den 3 Abschnitten folgendermaßen aus:

$a = 1$

1 0000	0	2 5281	N; Gleichung I.
	+1 0000	−1 0000	$(100a)^2$
	+1 0000	1 5281	N − $(100a)^2$
1 0000	2 0000	II	

$b = 5$

100	2000	15 281	N − $(100a)^2$; Gleichung III.
	+500		
	2500	−12 500	$(2 \cdot 100a + 10b) \cdot 10b$
	+500	2781	$[2 \cdot (100a + 10b) + c] \cdot c$
100	3000	IV	

$c = 9$

1	300	2781	Gleichung V.
	+9		
	309	−2781	
	+9	0	
1	318	VI	

Ist – wie hier – kein Rest geblieben, dann erübrigt sich die letzte Addition (hier +9).

---
[1]) Die Lösung dieser Gleichung für y ist um 1 kleiner als die für x_1.
[2]) Die Lösung dieser Gleichung für z ist um 5 kleiner als die für y_1.

Man kommt nun dem chinesischen Verfahren näher, wenn das Horner-Schema um 90° folgendermaßen gedreht wird:

Der 1. Schritt beginnt mit I

a = 1

2 5281	−1 0000	1 5281		II
0	+1 0000	+1 0000	2 0000	
1 0000			1 0000	

Der 2. Schritt beginnt mit III

b = 5

1 5281		−1 2500	2781		IV
2000	+500	2500	+500	3000	
100				100	

Der 3. Schritt beginnt mit V

c = 9

2781		−2781	0		VI
300	+9	309	+9	318	
1				1	

Bilden wir nun das Lösungsrezept von [IV; 16] (s. S. 40) auf dem Rechenbrett nach, so erkennen wir eine fast völlige Übereinstimmung mit dem Horner-Schema. Die Ausführung erfolgt auf 4 Zeilen des Rechenbrettes. In die oberste kommen der Reihe nach die Ziffern der Wurzel (Fang-Zeile); in der 2. Zeile (Shih-Zeile) steht der Radikand, in der nächsten (der Fa-Zeile) der Divisor, in der untersten der eine Einheit darstellende Rechenstab chieh suan[1]. Das Produkt der jeweils gewählten („diskutierten") Ziffer mit dem Chieh-Suan heißt so tê[2], während für die gewählte Ziffer selbst kein eigenes Fachwort auftritt [14(2); 351]. Da aber das Chieh-Suan immer 1 ist, ist das Produkt So-tê immer mit der gewählten Ziffer a[3] identisch. Aus dem Divisor wird dann durch Verdoppelung der exakte Divisor (ting fa), der nach rechts gerückt und dann noch ergänzt wird, so daß ein „ergänzter exakter Divisor" (ts'ung ting fa) entsteht[4]. Das Er-

---

[1]) chieh = borgen, nehmen; suan = rechnen, Rechenstab.
[2]) so tê = das was man erhält.
[3]) Es wird nicht mit a, sondern mit a^2 dividiert, was aus dem knappen Text nicht ersichtlich ist.
[4]) Die Wörter so tê (= das was man erhält), chieh i suan (= nimm 1 Rechenstab), dann ting fa und ts'ung ting fa sind wohl schon Fachwörter geworden. Vielleicht muß man zwischen Chieh-1-Suan und Chieh-Suan unterscheiden.

gebnis der drei Divisionen ist natürlich von vornherein klar, da der Quotient die jeweils ausgewählte Ziffer sein muß.
Das auf dem Rechenbrett sich verändernde Bild gibt genau die den 6 Substitutionen entsprechenden Gleichungen wieder, nämlich

	I	II	III	IVa	IVb	IVc	V
Fang	...	1..	1..	15.	15.	15.	15.
Shih	2 5281	1 5281	1 5281	1 5281	2781	2781	2781
Fa[1])	1	2	2...	25..	25..	30..	30.
Chieh-Suan	1 .1.1	1		1..	1..	1..	1..

Mit V schließt das Rezept, das leicht zu VI zu ergänzen ist, ab. Die Bemerkung: „Fahre fort wie zuvor" bezieht sich auf den fehlenden Schluß sowie auf Aufgaben, bei denen die Wurzel mehr als 3 Stellen hat [IV; 16]. Abgesehen also von IV, das in die Einzelschritte aufgeteilt ist, spielt sich alles genau so ab wie in dem um 90° gedrehten Horner-Schema, wenn man dort die Zahlen von rechts in die neuen Stellungen nach links rückt. Die weitere Bemerkung, daß man nach der Regel verfahren soll, auch wenn die Wurzel nicht aufgeht, könnte zeigen, daß man dezimal weiterrechnen konnte.
Es folgen noch 2 Regeln für das Rechnen mit Brüchen. Sie entsprechen unseren Formeln $\sqrt{a+z/n} = \sqrt{an+z} : \sqrt{n}$ und $\sqrt{z/n} = \sqrt{zn} : n$.
Zu den oben genannten Abwandlungen beim Algorithmus des Radizierens im Verlauf der Geschichte ist zu sagen, daß man die Ziffern der Lösung statt an der 3., 2. und 1. Stelle der Fang-Zeile auch an der 5., 3. und 1. Stelle anschrieb und daß man statt einer Subtraktion von $(2a+b) \cdot b$ auch einzeln $2ab$ und b^2 subtrahierte.
Über die Entstehung des chinesischen Verfahrens lassen sich nur Vermutungen anstellen. Die babylonische Formel $\sqrt{N} = a + (N-a^2)/2a$ könnte der Ausgangspunkt gewesen sein. Man kann es geometrisch veranschaulichen. Ist N ein Quadrat und a die erste Näherung der Seite $\sqrt{N}$, dann ist der Rest der Fläche $N-a^2 = (2a+b) \cdot b$ oder $b = (N-a^2)/(2a+b)$. Dies gab ja die 2. Ziffer $b \approx (N-a^2)/2a$. Ebenso ist die dritte Ziffer $c = $ (bzw. $\approx$) $\dfrac{(N-[a^2-(2a+b) \cdot b])}{2a+b}$. So könnte sich aus einer ur-

---

[1]) In dieser Zeile stehen der Reihe nach der Divisor, dann der exakte, der zurückgerückte und der ergänzte Divisor. In I steht beim Horner-Schema der Divisor 1 an anderer Stelle.

sprünglichen Flächenvergleichung das algorithmische numerische Verfahren entwickelt haben [14(2); 384].

Man wird sich fragen, warum die Berechnung der Quadratwurzel unmittelbar an die Aufgabengruppe [IV; 1–11] anschließt. Dort war die Länge a eines Rechtecks aus der Breite b und der Fläche F als a = F/b berechnet worden. Nimmt man für b, das mit einem kleinen Wert beginnt, immer größer werdende Werte an, so wird man schließlich zu einem a ≈ b kommen, was eine einfache Methode zur Berechnung der Quadratwurzel wäre.

Die Kubikwurzel

Auch für die Berechnung der Kubikwurzel (k'ai li fang = suche die Würfelkante)[1]) kann die in [IV; 22] mitgeteilte Methode mit dem Horner-Schema in Beziehung gebracht werden; allerdings nur für die ersten 2 Ziffern der Wurzel; dann bricht die Regel ab.

Der Kern des Verfahrens ist für $\sqrt[3]{N} = x$ die Identität:
$N = (100a + 10b + c)^3 = (100a)^3 + [3 \cdot (100a)^2 + 3 \cdot 100a \cdot 10b + (10b)^2] \cdot 10b + [3 \cdot (100a + 10b)^2 + 3 \cdot (100a + 10b) \cdot c + c^2] \cdot c.$

Für das Beispiel in [IV; 19] $x = \sqrt[3]{1860867}$ würde das wieder um 90° gedrehte Horner-Schema folgendermaßen aussehen:

a = 1	1860867−1000000	860867		
	0 + 1000000	1000000 + 2000000	3000000	
	0 + 1000000	1000000 + 1000000	2000000 + 1000000	3000000
	1000000	1000000	1000000	1000000
b = 2	860867	−728000	132867	
	300000 + 64000 = 364000	364000 +	**68000**	432000
	30000 + 2000 = 32000	32000 + 2000 = 34000	34000 + 2000	36000
	1000	1000	1000	1000
c = 3	132867	− 132867	0	
	43200 + 1089 = 44289	44289	1098	45387
	360 + 3 = 363	363 + 3 = 366	366 + 3	369
	1	1	1	1

Das Schema enthält wieder die wegen der 3 Ziffern nötigen 6 Substitutionen:

I. $x = 100x_1$; hieraus $x_1^3 = 1{,}860867$.

II. $x_1 = 1 + y$; hieraus $y^3 + 3y^2 + 3y = 0{,}860867$.

III. $y_1 = 10y$; hieraus $y_1^3 + 30y_1^2 + 300y_1 = 860{,}867$.

---

[1]) li = aufrecht stehen; li fang = Würfel.

IV. $y_1 = 2 + z$; hieraus $z^3 + 36z^2 + 432z = 132{,}867$.
V. $z_1 = 10z$; hieraus $z_1^3 + 360z_1^2 + 43\,200z_1 = 13\,2867$.
VI. $z_1 = 3 + u$; hieraus $u^3 + 369u^2 + 4\,5387u = 0$ und somit $u = 0$; $z_1 = 3$; $z = 0{,}3$; $y_1 = 2{,}3$; $y = 0{,}23$; $x_1 = 1{,}23$ und $x = 123$.

Vergleichen wir damit, wie sich das unvollständige Rezept [IV; 22] auf die Aufgabe [IV; 19] auswirkt. Diesmal sind 5 Zeilen vorgesehen. Ganz oben steht die Lösung Fang, darunter der Radikand Shih, in der dritten Zeile steht der Divisor Fa; in der 4. Zeile folgt das „Mittlere" (chung) und in der letzten Zeile, in die zuerst der Rechenstab Chieh-Suan eingelegt wird, das „Untere" (hsia).

Der Text lautet:

Lege den Inhalt hin als Dividenden; nimm 1 Rechenstab, gehe[1]) 2 Stellen überspringend. Beurteile das So-Tê. Mit ⟨einer ausgewählten Ziffer⟩ wiederholt multipliziere das Chieh-Suan[2]); es ist der Divisor und dividiere es.

Nach der Division verdreifache es; es ist der exakte Divisor

⟨Für die⟩ nächste Division nimm zurück. Und unten multipliziere mit 3 den Betrag des So-Tê[3]); lege es ⟨in die⟩ mittlere Zeile. Wieder liegt das Chieh-Suan in der unteren Zeile.

Gehe, mittleres 1, unteres 2 Stellen überspringend.

Das Rechenbrett zeigt:

Fang	1..
Shih	186 0867
Fa	1......
Chung	....
Hsia (Chieh-Suan)	1 1 1

Fang	1..
Shih	86 0867
Ting-Fa	3......
Chung	....
Hsia (Ch. S.)	1

Fang	1..
Shih	86 0867
Ting-Fa	3.....
Chung	3......
Hsia (Ch. S.)	1......

Fang	1..
Shih	86 0867
Ting-Fa	3.....
Chung	3....
Hsia (Ch. S.)	1...

---

[1]) T.: Schreite es ab.
[2]) ch'êng so chieh i suan. S. hierzu o. S. 115, Fußn. 4.
[3]) T.: ch'êng so tê shu. Multipliziere das, was man als Betrag bekommen hat (?)

Wieder lege hin eine abgeschätzte ‹Ziffer›. Mit 1 ‹Ziffer› multipliziere das Mittlere; wiederholt multipliziere das Untere.	Fang	1..
	Shih	86 0867
	Ting-Fa	3.....
	Chung	6....
	Hsia (Ch. S.)	4...
Alles addiere dann zum Ting-Fa. Mit dem Ting-Fa dividiere.	Fang	12.
	Shih	13 2867
	Ting-Fa	36 4...
	Chung	6....
	Hsia (Ch. S.)	4...
Nach der Division verdopple das Untere, addiere das Mittlere, ergänze ‹mit beiden› das Ting-Fa.	Fang	12.
	Shih	13 2867
	Ting-Fa	43 2...
	Chung	6....
	Hsia (Ch. S.)	8...
‹Für› die nächste Division nimm ‹die Zahlen› zurück.	Fang	12.
	Shih	13 2867
	Ting-Fa	4 32..
	Chung	6...
	Hsia (Ch. S.)	8..

Damit endet das hier auf dem Rechenbrett nachgebildete Rezept des Textes. Es zeigt sich jetzt ein anderes Bild, als es das Horner-Schema verlangt, während diesem bis dahin alle Einzelschritte entsprachen. Mit der nun folgenden lakonischen Bemerkung „Weiter wie zuvor" konnte der Schüler unmöglich zurechtkommen, ohne daß er nähere Erklärungen des Lehrers erhielt. Doch diesem mußte das vollständige Verfahren bekannt sein, sonst hätte er nicht die Addition von $68000 = 3 \cdot 10^4 ab + 2 \cdot 10^3 b^2$ (s. S. 117)[1]) in die Regel aufnehmen können.

---

[1]) Dort durch Fettdruck hervorgehoben. Vgl. die von Needham-Wang [14 (2); 360ff.] vermutete Aufspaltung der Chung- und Hsia-Zeile. In [14 (2); S. 391ff.] wurde auch die Herleitung des Verfahrens vermittels einer Würfelzerlegung vorgeschlagen.

Weitere Kenntnisse aus Arithmetik und Algebra

Da die „Neun Bücher" kein Lehrbuch sondern eine Aufgabensammlung sind, in der nur in wenigen Fällen (s. S. 127) die Berechnungsmethoden näher ausgeführt werden, so ist man auf Vermutungen angewiesen, wenn man feststellen will, welche Gedanken zu dem jeweiligen Lösungsrezept geführt haben, das bei keiner Aufgabe oder Aufgabengruppe fehlt.

Man sieht, daß auch da, wo kein näherer Hinweis gegeben wird, die Rezeptformeln logisch begründet sind und daß der Rechner imstande ist, die im Text der Aufgabe enthaltenen Bedingungen zu einem mathematischen Ansatz zu gestalten. Dieser Ansatz führt meist zu einer Verhältnisgleichung, die dann – ohne daß darüber ein Wort verloren wird – als *Schlußrechnung* durch eine Multiplikation und eine Division gelöst wird. Zahlreiche Beispiele dafür enthalten die Bücher III und VI, in denen ein anteilmäßiger Preis, Gewinn, Verlust, Weg, eine Leistung, Steuer usw. berechnet wird. Im ersten Teil von Buch II stehen Beispiele für die Umrechnung von Feldfrüchten nach gegebenen Normen, während am Anfang von Buch V verschiedene Arten Erdreich in Beziehung zueinander gebracht werden. Hier wird davon ausgegangen, daß aus einem Erdaushub von 4 Raumteilen 3 Teile werden, wenn man sie feststampft, und 5 Teile, wenn man sie auflockert. Hat man z. B. einen Betrag an fester Erde, dann soll man, so heißt es, mit 4 bzw. 5 multiplizieren, wenn man ausgehobene bzw. lockere Erde sucht, und dann jedesmal durch 3 dividieren. Fachwörter für die einzelnen Glieder der Schlußrechnung treten (im Gegensatz zu solchen in der indischen und arabischen Mathematik) nicht auf.

Anders steht es bei einer speziellen Schlußrechnung, der Gesellschaftsrechnung (s. S. 127), mit der ein Betrag nach gewissen Gesichtspunkten, z. B. dem Rang (chüeh) der Empfänger entsprechend, gerecht oder angemessen (chün) aufgeteilt wird. In einer solchen proportionalen Verteilung (ch'ui fên) heißen die Verhältniszahlen ch'ui (= Ordnung, Zahlenfolge, Reihenstufe), beim umgekehrten Verhältnis fan ch'ui.

Auch die *arithmetische* und *geometrische Reihe* (ti)[1] kommt in manchen Aufgaben vor, aber ohne daß unsere die Rechnung abkürzenden Formeln benutzt werden. Die arithmetischen Reihen in [VI; 17-19] und die geometrische in [III; 4] werden als Ge-

---

[1]) mit $d = 1/2$, 13, $1/6$, $7/66$ und $q = 2, 1/2$.

sellschaftsrechnung aufgefaßt mit d, 2d, 3d usw. und q, q^2, q^3 als Verhältniszahlen, während bei den übrigen (arithmetische Reihe in [VII; 19] und geometrische in [VII; 11, 12]) die Glieder offenbar einzeln berechnet wurden.

Sucht man in den „Neun Büchern" nach etwaigen Kenntnissen in der *Algebra*, so stellt man fest, daß von einer symbolischen Algebra mit besonderen Zeichen für die Unbekannten und ihre Potenzen keine Rede sein kann. Trotzdem zeigt schon die Matrizenrechnung (s. S. 130) zur Auflösung linearer Gleichungssysteme, daß man algebraisch dachte und die verschiedenen Unbekannten durch Anordnung ihrer Zahlenkoeffizienten auf verschiedene Zeilen kennzeichnete. Bei diesen Gleichungen tritt im Sinn unseres Gleichheitszeichens das Wort tang (= schulden, entsprechen, gegenüberstellen) auf, das von der rhetorischen zur symbolischen Algebra hinüberleiten könnte. Weiterhin ist bei der Matrizenrechnung das Rechnen mit negativen Größen zu nennen. Zwar bezieht sich die „Plus-Minus"-Regel nur auf Subtraktionen und Additionen relativer Zahlen, aber wenn man die Rechnungen im einzelnen durchführt, dann treten auch Multiplikationen und Divisionen mit negativen Zahlen auf wie z.B. in [VIII; 9], wo Minus : Minus ein Plus ergibt. Auch in anderen Aufgaben des gleichen Buches ist ein algebraisches Denken nicht zu verkennen. So geht die Aufgabe [VII; 1] von der „Gleichung" $8x-3 = 7x+4$ aus. Man konnte dies auf dem Rechenbrett auflegen, vielleicht auf rechts und links verteilt, wobei man in einer Zeile die Koeffizienten der Unbekannten und in einer zweiten die Zahlen unterbrachte. Negative und positive Größen konnte man in der genannten Weise (s. S. 109) unterscheiden[1]). Es stand dann zuerst da:

$$\begin{array}{r|r} \text{Zeile der Unbekannten} \quad 8 & 7 \\ \text{Zeile der Zahlen} \quad 3 & 4 \end{array}$$

Nach Wegnahme von 7 und Ergänzung von 3 ergibt sich dann $\begin{array}{r|r} 1 \\ & 7 \end{array}$ also $x = 7$.

In der Aufgabe [IX; 12], die von $z^2 = (z-a)^2 + (z-b)^2$ ausgeht, ist als Lösung $z = \sqrt{2ab} + (a+b)$ angegeben. Dies ist ohne die Zwischenrechnung $z^2 = 2z^2 - 2z(a+b) + a^2 + b^2$ und $2ab = z^2 - 2z(a+b) + a^2 + b^2 + 2ab$ schwer denkbar, was wieder die „Ergänzung" und „Ausgleichung" und die vielleicht geometrisch gewonnene Formel $a^2 + 2ab + b^2 = (a+b)^2$ voraussetzt. Auch

---

[1]) Die negative 3 ist durch Fettdruck gekennzeichnet.

die Lösung der quadratischen Probleme (s. S. 132) verwendet Formeln, deren Herleitung nicht genannt wird. Schließlich sind hier noch anzuführen die numerische Lösung einer quadratischen Gleichung (s. S. 133) sowie die bemerkenswerten Aufgaben der unbestimmten Analytik in [II; 38–46] (s. S. 134).

Geometrische Kenntnisse

Die Geometrie der „Neun Bücher", die keinerlei Zeichnungen enthält, ist keine beweisende Geometrie, sondern nur eine nach Formeln rechnende, wie es auch bei den andern Völkern der Antike mit Ausnahme der Griechen der Fall war. Die Formeln dienten dazu, die im täglichen Leben vorkommenden Flächen und Körper zu berechnen. Natürlich mußten diese Rezepte einst erarbeitet worden sein; sie wurden ohne Zweifel der Erfahrung entnommen und an zahlreichen Einzelfällen geprüft und verbessert. Die Ausgangsfigur für die weitere Entwicklung *planimetrischer Kenntnisse* ist das bei der einfachsten Form eines Ackerfeldes auftretende Rechteck (und Quadrat). Yang Hui bemerkt dazu [10; 199], daß alle Schulen damit beginnen – dies sei ein ungeschriebenes Gesetz –, und er führt dabei einen Ausspruch seines Lehrers Liu I an: „Man betritt das Tor ‹der Schule› und verläßt es, nachdem man ‹die Kenntnis des› Rechtecks erworben hat". Aus der Formel für das Rechteck (fang t'ien) konnten dann die für Dreieck (kuei t'ien) und Trapez (hsieh t'ien und chi t'ien) abgeleitet werden. Dabei wird die Länge (tsung) immer in der N–S-Richtung und nach oben gerichtet, die Breite (kuang oder hêng) immer in der O–W-Richtung und waagrecht sowie die Länge > Breite gedacht. Die Höhe ist eine senkrechte Länge oder Breite. Von den beiden Katheten des rechtwinkligen Dreiecks (kou ku) ist die kürzere kou waagrecht, die längere ku (= Hüfte!) senkrecht angenommen. Die Hypotenuse heißt hsien (= Saite eines Musikinstruments, auch Kreissehne), einmal [IX; 12] als Rechtecksdiagonale auch hsieh. An krummlinig begrenzten Flächenstücken kommen vor: Kreis (yüan t'ien), Kreissektor (yüan t'ien)[1]), Halbkreis und Segment (hu t'ien) und Kreisring (huan t'ien) mit Fachwörtern für Durchmesser (ching), Radius (pan ching = halber Durchmesser), Umfang und Bogen (chou) und Ringbreite (ebenfalls ching). Für π wird wie bei den Babyloniern 3 genommen, nur in einem Fall liegt $\pi = 3^3/_8$ der Rechnung zugrunde [IV; 23, 24]. So ist die Kreisfläche der

---

[1]) Es sind zwei verschiedene Schriftzeichen yüan.

12. Teil des quadrierten Umfangs $u^2/12$ wie bei den Babyloniern und zum Teil noch bei Heron. Dieser gibt als Formel „der Alten" auch das chinesische Kreissegment mit $F = (s \cdot p + p^2) : 2$ an[1]). Der Sektor wird richtig, die Ringfläche falsch berechnet, da die Ringbreite ja durch die beiden Umfänge schon bestimmt ist. Der Pythagoreische Lehrsatz [IX][2]) und der Thaleskreis [IX; 4, 9] sind bekannt. Zwei Aufgaben [IX; 15, 16] behandeln das Einbeschreiben (yung = enthalten sein) von Figuren in ein rechtwinkliges Dreieck. In einem Fall wird ein Kreis einbeschrieben, in dem andern Fall ein Quadrat[3]). Hier wie in den Vermessungsaufgaben im zweiten Teil von [IX] zeigen die Formeln die Bekanntschaft mit dem Satz vom Gnomon oder mit ähnlichen Dreiecken (s. S. 135). Zu erwähnen ist noch ein Umkehrproblem in [IV; 18], bei dem aus der Kreisfläche der Umfang zu finden ist. Die Formeln für die Berechnung *körperlicher Gebilde* treten im Buch V – wieder methodisch geordnet – in Verbindung mit Ingenieurarbeiten, Bau von Kanälen usw. auf. Am Anfang steht das gerade Prisma mit Trapezbasis, das auch bei den babylonischen Dämmen und Kanälen vorkommt. Ein einheitlicher Name dafür fehlt. Das Prisma tritt unter der Bezeichnung des jeweiligen Bauwerkes auf, als Wall (chêng), Wand (yüan), Damm (ti), Wassergraben (kou), Festungsgraben (ch'ien) oder als Kanal (ch'ü). Dann folgt als „Erdwerk mit quadratischer Basis" (fang pao tao) der Quader, der Zylinder (yüan pao tao), der quadratische Pyramidenstumpf (fang t'ing), der Kegelstumpf (yüan t'ing), die quadratische Pyramide (fang chui), der Kegel (yüan chui) und der schräg abgeschnittene halbe Quader (ch'ien tu), der zerlegt wird in eine Pyramide yang ma und einen neuartigen Restkörper pieh nao[4]). Weiterhin folgen die Formeln für zwei Keile, der eine mit trapezförmiger Basis (hsien ch'u), der andere mit einer rechteckigen (ch'u mêng). Den Abschluß bildet der Obelisk (ch'u t'ung, ch'ü ch'ih, p'an ch'ih und ming ku genannt) der in einer anderen Weise als z. B. in Herons Metrica [6; III

---

[1]) s = Sehne, p = Pfeil.
[2]) In einem Fall [IX; 5] wird eine Spirale zu einem rechtwinkligen Dreieck abgewickelt. Auch weiterhin in Buch IX dient der pythagoreische Lehrsatz meist zum Aufbau von Aufgaben, die zu Standardproblemen der mathematischen Unterhaltungsliteratur geworden sind.
[3]) Dieselben Aufgaben stehen in Herons Geometrica [6; IV 430, 432].
[4]) Zu den Fachwörtern s. Näheres im Anhang.

112ff] berechnet wird (s. S. 136). Zum Obelisken wird auch der hohle Kegelstumpf (ch'ü ch'ih) in [V; 20] gerechnet. Zu den bei ebenen Flächen gebrauchten Wörtern für lineare Abmessungen kommen noch hinzu ein Wort für Länge (mou), Höhe (kao), Tiefe (shên) und Dicke (hou).

In den Aufgaben [V; 26–28] soll aus dem Volumen eines Trapezprismas, eines Quaders und Zylinders die Breite bzw. die Höhe und der Grundkreisumfang berechnet werden, wobei die anderen Abmessungen gegeben sind. Die Kugel (li yüan oder wan) kommt nur in [IV; 23, 24] vor, wo aus dem Volumen der Durchmesser bestimmt wird.

Die Aufgaben

Die Gliederung der Aufgaben im Text erfolgt nach einem einheitlichen Schema, und zwar in folgenden 4 Abschnitten:

1. Die Schilderung des zugrundeliegenden Sachverhalts beginnt immer mit den Worten: Jetzt hat man ‹folgenden Fall› oder bei einer neuen Aufgabe: Jetzt hat man einen anderen ‹Fall›.
2. Es folgt die Frage nach dem „wieviel ist?" oder „wie groß ist?"
3. Sofort kommt jetzt ohne Zwischenrechnung die Lösung nach den Worten: „Die Antwort sagt".
4. Zum Schluß kommt das Lösungsrezept für die einzelne Aufgabe oder die betreffende Aufgabengruppe; es beginnt mit der stereotypen Wendung: „Verwende die Regel" oder „die Regel lautet".

Manchmal, z. B. am Anfang von [III] und [IV], wird die für die nächsten Aufgaben geltende Regel zuerst gebracht, ohne daß das Rezept näher begründet wird (s.u. bei den „Methoden"). Es zeigt sich bei der Anordnung der Probleme, daß diese innerhalb der Gruppe vom Leichten zum Schweren fortschreiten und daß der Rechner keine Scheu vor großen Zahlen hat und fast fehlerlos mit größter Genauigkeit rechnet.

Was den Inhalt der 246 Aufgaben anbelangt, sind zwei Gruppen zu unterscheiden.

Einmal handelt es sich wie überall da, wo Menschen in einer Gemeinschaft leben, um die verschiedensten *Probleme des täglichen Lebens.* Diese sind:

1. Kauf und Tausch, also Beziehung zwischen Preis und Menge.

2. Bezahlung des Lohnes, der abhängig ist von Arbeitszeit und Leistung.

3. Verteilung von Geld oder Getreide nach gleichen oder verschiedenen Anteilen.

4. Zins und Gewinn beim Handel.

5. Verlust bei einem Seidenvorrat (durch Austrocknen).

6. Zoll und Abgaben, Getreidesteuern, die – ebenso wie Abstellungen zu einer Schanzarbeit – auf Personen oder Bezirke verteilt werden.

7. Leistung bei Erdarbeiten (abhängig von der Jahreszeit und der Art des bearbeiteten Erdreiches), beim Transport, bei der Fabrikation von Ziegeln, Pfeilen, Webwaren, Zugleistung von Pferden, Leistung bei der Feldarbeit, Ertrag von Feldern.

8. Mischung von Körnerfrüchten und von Flüssigkeiten (Wein, Firnis, Öl).

9. Gewichtsbestimmungen, wobei auch der Begriff des spezifischen Gewichts auftritt [VII, 16].

10. Umrechnungen der verschiedenen Maßeinheiten.

11. Berechnungen von Flächen und Rauminhalten bei Feldstücken, Bauwerken, Gefäßen. Dabei treten neuartige Körper auf wie der Keil, Viertel- und Halbkegel[1]).

12. Weitere geometrische Kenntnisse aus dem Alltagsleben zeigen die Bewegungs- und Vermessungsaufgaben und solche, die Anwendung des pythagoreischen Lehrsatzes darstellen[2]).

Freilich zeigen manchmal die in den Aufgaben genannten Bedingungen und Zahlenwerte, daß hier nicht mehr von Wirklichkeitsaufgaben gesprochen werden kann, wenn z. B. Bruchteile von Menschen und Tieren vorkommen oder wenn ein Kaufmann auf seine Geschäftsreise $3\,0468^{84876}/_{371293}$ Geldstücke mitgenommen hat [VII; 20].

Die andere Gruppe enthält oft phantasievoll eingekleidete Aufgaben, die als *Rätselprobleme* der mathematischen Unterhaltungsliteratur zuzurechnen sind. Hierzu gehören:

---

[1]) Diese beiden finden sich wieder bei den Indern.
[2]) Eine Sonderstellung nehmen die beiden Aufgaben ein, in denen in das Dreieck Figuren einbeschrieben werden [IX; 15, 16].

1. Das aus der altbabylonischen und der Seleukidenzeit bekannte Problem des *an die Mauer gelehnten Balkens* [15; III 22], der hier [IX; 8] auf die Erde gelegt wurde. Verwandt damit ist die Aufgabe [IX; 13] mit dem abgebrochenen Bambusstock und die mit dem im Teich wachsenden Schilfrohr, das ans Ufer gezogen wird [IX; 6]. Beide Aufgaben erscheinen wieder in der indischen Mathematik.

2. Die *Brunnenaufgaben*, bei denen eine Zisterne durch Röhren verschiedener Leistung gefüllt wird [VI; 26]. Hier kommt das Problem zum erstenmal vor und dann wieder in den arithmetischen Epigrammen des Metrodoros und bei den Indern.

3. Neu ist auch die Schachtelaufgabe der Aufgabengruppe: *Der Wächter im Apfelgarten*", die auch unter dem Namen „De viagiis" oder „Si quis intrat monasterium" bekannt ist. Sie liegt vor in [VII; 20], wo unsere Gleichung $[\{((x \cdot 1,3 - 1\,4000) \cdot 1,3 - 1\,3000) \cdot 1,3 - 1\,2000\} \cdot 1,3 - 1\,1000] \cdot 1,3 - 1\,0000 = 0$ mit dem falschen Ansatz gelöst wird. Ähnliche Schachtelaufgaben sind auch [VI; 27, 28]. Solche Aufgaben sind bekannt bei Anania Schirakazi (7. Jh.) und bei den Indern.

4. Dem Problem „*Einer allein kann nicht kaufen*" verwandt sind [VIII; 12, 13]. In nicht eingekleideter Form steht es bei Diophant. Dann findet man es erst bei den Arabern und im Abendland wieder.

5. Erstmals trifft man hier ein Beispiel der Gruppe „*Geben und nehmen*" [VIII; 10]. Es steht später in den arithmetischen Epigrammen des Metrodoros, dann bei den Indern, Arabern, in Byzanz und seit Leonardo von Pisa im Abendland.

6. Die Aufgabengruppe *Zuviel – zu wenig*, die hier in [VII; 1-8] zahlreich vertreten ist, tritt vereinzelt erst bei Bhaskara auf, dann in zahlreichen Handschriften des 15. Jahrhunderts, z.B. im Algorismus Ratisbonensis. Johann Widmann nennt in seinem Rechenbuch von 1489 die Aufgabe „Regula augmenti + decrementi".

7. Als erste Aufgabensammlung bringt unser Text Aufgaben mit *Bewegungsvorgängen*, obwohl Zenon viel früher den Achilles die Schildkröte verfolgen ließ und schon immer Boten ausgeschickt und nach Entsprungenen gefahndet wurde. Seit Aryabhata sind sie bei den Indern bekannt. Das besondere Problem

„Hase und Hund" [VI; 14] ist in einer komplizierteren Fassung vertreten als z.B. in der Propositio Nr. 26 Alkuins „De cursu canis et fuga leporis". Weitere Verfolgungen zeigen die Aufgaben [VI; 12, 13, 16.], während Bewegungen gegeneinander in [VI; 20, 21. VII; 10, 19] stehen. Auf dem Umfang eines rechtwinkligen Dreiecks bewegen sich in [IX; 14, 21] zwei Personen gegeneinander; dieses einzigartige Problem ist besonders bemerkenswert deshalb, weil bei der Lösung sich zwangsläufig pythagoreische Zahlentripel ergeben mußten (s.S. 107). Bewegungsaufgaben, die nach Gesetzen der arithmetischen oder geometrischen Reihe ablaufend künstlich konstruiert sind, stehen in [VII; 11, 12, 19].

8. Unter den sonstigen Aufgaben, in denen die arithmetische Reihe eine Rolle spielt, erinnert die Lösungsmethode von [VI; 19] an die babylonische „Brüderaufgabe" [15; I 242]; in einer ähnlichen Phantasieaufgabe [VI; 17] wird ein Stab in Stücke geteilt, die nach der arithmetischen Reihe zunehmen, während die Aufgabe [VI; 18] ganz wie Nr. 40 im Papyrus Rhind aufgebaut ist.
Man sieht also, daß manche Aufgaben der Unterhaltungsmathematik schon den Ägyptern und Babyloniern interessant erschienen, daß ferner in den „Neun Büchern" zahlreiche eigene chinesische Leistungen vorliegen und daß diese Neuschöpfungen vielfach wieder bei Indern, Arabern, in Byzanz und im Abendland auftauchen, wobei die Frage, ob es sich um Nachbildungen oder Neuerfindungen handelt, weitgehend noch ungeklärt ist[1]).

Die Methoden

Eine Handhabe zur Feststellung der Methoden, die dem Verfasser der „Neun Bücher" zur Lösung seiner Aufgaben zur Verfügung standen, bieten in vielen Fällen die von ihm mitgeteilten Berechnungsregeln, die erkennen lassen, was gedacht wurde. Dies gilt für die Bruchrechnung (in [I] und am Anfang von [IV]), für die einfache Schlußrechnung, die in eine Multiplikation und Division zerfällt (am Anfang von [II] und [V]) und für die Gesellschaftsrechnung, für die im Mittelalter der Name „Regula societatis" oder „sodalitatis" geprägt wurde (am Anfang von [III] und [VI]). Auch bei den anderen Aufgabengruppen, dem Wurzelziehen (in [IV]), dem doppelten falschen Ansatz (in [VII]), der Matrizenrechnung (in [VIII]) und den quadratischen Problemen (in [IX]) werden die richtigen Rezepte gegeben, ohne daß man aber etwas

---
[1]) Nähere Untersuchungen über die Tradition solcher Aufgabengruppen finden sich in [18], [23; (1) u. (2)].

über die Herleitung erfährt. Ganz besonders tappt man im Dunkeln, wenn man nach der Durchführung algebraischer Gedanken, nach der Berechnung unbestimmter Probleme und nach der Entwicklung der geometrischen Inhaltsformeln (in [I] und [V]) fragt. Für diese Probleme soll wenigstens auf den vorliegenden Sachverhalt eingegangen werden.

Der falsche Ansatz

Die Methode des doppelten falschen Ansatzes, die aus der arabischen Mathematik als „Regula Elchatayn" (Regel der beiden Waagschalen) und dann im Abendland seit Leonardo von Pisa bekannt ist, tritt in den „Neun Büchern" zum ersten Mal auf. Wird in einer linearen Gleichung $ax = b$ die Unbekannte willkürlich gewählt, dann wird ax gegenüber b entweder zu groß oder zu klein sein, falls man nicht gerade das richtige x erraten hat. Das den falschen Ansatz behandelnde Buch VII trägt die Überschrift ying pu tsu = Überschuß ‹und› Fehlbetrag (ying = Überschuß; pu tsu = nicht reicht es). Die gewählte Versuchszahl heißt lü (s. S. 107); sie wird auch umschrieben mit „Angenommen, es soll sein" (chia ling) oder sie wird als Zahl dessen, was angenommen werden soll (chia ling chih shu), bezeichnet. Hat man die Lösung erraten, dann „reicht es gerade".

Der Text enthält nun zwei Fälle, die eng miteinander verwandt sind.

In dem *einen Fall* [VII; 9–20] handelt es sich um die genannte Regula Elchatayn, wobei die Versuchszahlen x_1 und x_2 so gewählt sind, daß sich immer ein Überschuß f_1 und ein Fehlbetrag f_2 ergibt. Bekanntlich ergeben die 3 Gleichungen (1) $ax = b$, (2) $ax_1 = b + f_1$ und (3) $ax_2 = b - f_2$ die richtige Lösung $x = (f_1 x_2 + f_2 x_1) : (f_1 + f_2)$. Diese Lösung wird erst in späteren Aufgaben [VII; 18, 19] angedeutet, wo es heißt: Teile den Dividenden (shih) durch den Divisor (fa).

Der *andere Fall*, der im Buch zuerst behandelt wurde [VII; 1–8], ist bei den Indern selten, bei den Arabern nicht vertreten; er tritt erst im Abendland wieder auf (s. S. 126). Der Sachverhalt ist folgender: Es sollen z.B. x Leute je a Geldstücke zum Kauf eines Gegenstandes im Wert von y Geldstücken beisteuern. Anfangs sind in $ax = b$ also alle 3 Größen unbekannt. Wenn nun jeder den Betrag a_1 beisteuert, ergibt sich ein Überschuß f_1, steuert aber jeder a_2 bei, dann gibt es einen Fehlbetrag f_2. Nach dem „doppelten falschen Ansatz" ist also der richtige Betrag, den jeder zahlen muß $a = (f_1 a_2 + f_2 a_1) : (f_1 + f_2)$. Es ist aber nicht nach a, sondern nach x und y gefragt. Da $a_1 x - f_1 = a_2 x + f_2$ ist, findet man mit „Algebra" (s. S. 121) als Zahl der Leute $x = (f_1 + f_2) : (a_1 - a_2)$.

Als Preis des Gegenstandes ergibt sich (unter Verwendung des berechneten a) $y = \dfrac{f_1 a_2 + f_2 a_1}{f_1 + f_2} \cdot \dfrac{f_1 + f_2}{a_1 - a_2} = \dfrac{f_1 a_2 + f_2 a_1}{a_1 - a_2}$. Hat man die Zahl der Leute x schon gefunden (s. o.), dann findet man den Preis auch aus $y = a_1 x - f_1 = a_2 x + f_2$.

Von solchen Überlegungen steht in Text explizit nichts. Dagegen werden folgende 4 Schritte vorgeschrieben:

1. Auf dem Rechenbrett wird aufgelegt: $\begin{matrix} a_1 & a_2 \\ f_1 & f_2 \end{matrix}$

2. Es wird „über Kreuz" (wei) multipliziert und dann die Summe $a_1 f_2 + a_2 f_1$ gebildet. Diese Summe heißt shih (Dividend).

3. Es wird $f_1 + f_2$ gebildet. Die Summe $f_1 + f_2$ heißt fa (Divisor).

4. Beides, das shih und das fa, sollen durch $a_1 - a_2$ dividiert werden[1]). Dann ist die Zahl der Leute $x = (f_1 + f_2) : a_1 - a_2)$ und der Preis des Gegenstandes $y = (a_1 f_2 + a_2 f_1) : (a_1 - a_2)$.

Die als Rezept gegebenen Lösungen für x und y stimmen also mit den theoretisch berechneten überein. Man sieht dabei, daß die als shih und fa bezeichneten Ausdrücke (die dann nochmal dividiert werden), dieselben sind wie bei der anderen Gruppe, so daß man darauf in [VII; 18, 19] zurückgreifen konnte.

Der Text gibt noch eine zweite Regel. Dabei ist – wie in der ersten Regel – $x = (f_1 + f_2) : (a_1 - a_2)$. Dagegen wird jetzt y berechnet aus $y = a_1 x - f_1$ (bzw. $a_2 x + f_2$). So erhält man $y = a_1 \cdot \dfrac{f_1 + f_2}{a_1 - a_2} - f_1 = \dfrac{a_1 f_2 + a_2 f_1}{a_1 - a_2}$ wie bei der ersten Regel. Freilich kommt in dieser Umformung das Produkt zweier negativen Zahlen vor.

Will man also für das Zustandekommen der verschiedenen Regeln nicht an ein bloßes Erraten und Ausprobieren denken, dann ist die Annahme einer Bekanntschaft mit algebraischen Überlegungen nicht zu umgehen.

---

[1]) Ist, wie im 1. Beispiel, $a_1 - a_2 = 1$, dann geben shih und fa bereits die Zahl der Leute und den Preis.

In weiteren Aufgaben [VII; 5-8] kommen noch Varianten vor: Es gibt beidesmal einen Überschuß oder einen Fehlbetrag, oder bei Wahl der einen Versuchszahl „reicht es gerade".
Auffallend ist, daß in [VII; 11, 12] der falsche Ansatz auch auf nichtlineare Probleme angewandt wird, für die er nur Näherungen geben kann. Ähnlich hätte es bei der babylonischen Zinseszinsrechnung in AO 6770 gemacht werden können [15; II 40]. Doch wird dort nur die Lösung angegeben.

Lineare Gleichungssysteme

In der *Matrizenrechnung* von [VIII] werden lineare Gleichungssysteme bis zu 5 Unbekannten in ganz moderner Weise gelöst, ein Verfahren, das sonst bei keinem Volk der Antike bisher bekannt wurde. Handelt es sich um 3 Unbekannte, also um unser Gleichungssystem:

(1) $a_1 x + b_1 y + c_1 z = s_1$
(2) $a_2 x + b_2 y + c_2 z = s_2$
(3) $a_3 x + b_3 y + c_3 z = s_3$,

so verlangt die in [VIII; 1] ausgesprochene Regel die Anordnung der Zahlenwerte in einer rechteckigen Tabelle (fang ch'êng). Im Text werden dabei die Unbekannten mit dem Namen der betreffenden gesuchten Dinge hier: gute, mittlere und schlechte Ernte) bezeichnet. Die erste Matrix sieht so aus:

$$\begin{array}{ccc} a_3 & a_2 & a_1 \\ b_3 & b_2 & b_1 \\ c_3 & c_2 & c_1 \\ s_3 & s_2 & s_1 \end{array}$$

Es stehen also in den Zeilen der Reihe nach die Koeffizienten der 3 Unbekannten sowie die 3 Summen, während die Spalten zu den 3 Gleichungen gehören. Zuerst soll jetzt die mittlere Spalte mit a_1 (= „der Garbenzahl der guten Ernte in der rechten Spalte") multipliziert werden. Dies gibt

$$\begin{array}{ccc} a_3 & a_2 a_1 & a_1 \\ b_3 & b_2 a_1 & b_2 \\ c_3 & c_2 a_1 & c_1 \\ s_3 & s_2 a_1 & s_1 \end{array}$$

Dann werden die Zahlen der rechten Spalte so oft (also $a_2$mal) von denen der mittleren Spalte subtrahiert, bis in der Mitte oben nichts mehr steht. Dies ist nur kurz angedeutet mit den Worten: Bilde die Reste; dabei wird betont, daß der Koeffizient von y in der mittleren Spalte nicht verschwinden darf. Ähnlich wird mit der linken Spalte verfahren. Hier muß der Koeffizient von z erhalten bleiben. Für die Zahlen in [VIII; 1] sieht das Ganze dann so aus:

$$\begin{pmatrix} 1 & 2 & 3 \\ 2 & 3 & 2 \\ 3 & 1 & 1 \\ 26 & 34 & 39 \end{pmatrix} \to \begin{pmatrix} 1 & 6 & 3 \\ 2 & 9 & 2 \\ 3 & 3 & 1 \\ 26 & 102 & 39 \end{pmatrix} \to \begin{pmatrix} 1 & 3 & 3 \\ 2 & 7 & 2 \\ 3 & 2 & 1 \\ 26 & 63 & 39 \end{pmatrix} \to \begin{pmatrix} 1 & 0 & 3 \\ 2 & 5 & 2 \\ 3 & 1 & 1 \\ 26 & 24 & 39 \end{pmatrix} \to$$

$$\begin{pmatrix} 3 & 0 & 3 \\ 6 & 5 & 2 \\ 9 & 1 & 1 \\ 78 & 24 & 39 \end{pmatrix} \to \begin{pmatrix} 0 & 0 & 3 \\ 4 & 5 & 2 \\ 8 & 1 & 1 \\ 39 & 24 & 39 \end{pmatrix} \to \begin{pmatrix} 0 & 0 & 3 \\ 20 & 5 & 2 \\ 40 & 1 & 1 \\ 195 & 24 & 39 \end{pmatrix}.$$ Jetzt wird die 2. Spalte viermal von der linken subtrahiert, so daß schließlich dasteht: $\begin{pmatrix} 0 & 0 & 3 \\ 0 & 5 & 2 \\ 36 & 1 & 1 \\ 99 & 24 & 39 \end{pmatrix}.$

Es ist also $36z = 99$ oder, wie der Text sagt, 36 ist der Divisor und 99 der Dividend der schlechten Ernte.

Unsere nächste Gleichung $5y + 1 \cdot {}^{99}/_{36} = 24$ ergibt $y = {}^{153}/_{36}$; aus der rechten Spalte $3x + 2 \cdot {}^{153}/_{36} + 1 \cdot {}^{99}/_{36} = 39$ folgt $x = {}^{333}/_{36}$.

Diese noch ungekürzten Werte (statt $z = 2^3/_4$, $y = 4^1/_4$ und $x = 9^1/_4$) ergeben sich, wenn man dem gegebenen Wortlaut des Rezeptes folgt (s. S. 81).

Schon bei der 3. Aufgabe tritt bei der Umformung der Matrix ein negativer Wert auf, und das gibt dem Verfasser Anlaß, die Plus-Minus-Regel (chêng fu*) zu erklären[1]), die sich auf die Addition und Subtraktion verschiedener „Benennungen" bezieht. Doch treten in anderen Beispielen auch Multiplikationen und Divisionen negativer Größen auf. In [VIII; 8] gibt es z.B. negative Rinder, Schafe und Schweine gleich beim Ansatz!

---

[1]) Die 8 Regeln sind
für die Subtraktion:
1. $+ a - (+ b) = a - b$
   $- a - (- b) = b - a$
2. $+ a - (- b) = a + b$
   $- a - (+ b) = - (a + b)$
3. $0 - (+ b) = - b$
4. $0 - (- b) = + b$.

für die Addition:
1. $+ a + (- b) = a - b$
   $- a + (+ b) = b - a$
2. $+ a + (+ b) = a + b$
   $- a + (- b) = - (a + b)$
3. $0 + (+ b) = + b$
4. $0 + (- b) = - b$.

Sind die Koeffizienten Brüche, dann werden sie zuerst durch die entsprechende Multiplikation beseitigt. Aus $\begin{pmatrix} 1/b & 1 \\ 1 & 1/a \\ s & s \end{pmatrix}$ wird über $\begin{pmatrix} 1 & a \\ b & 1 \\ bs & as \end{pmatrix}$ und $\begin{pmatrix} 0 & a \\ ab-1 & 1 \\ as(b-1) & as \end{pmatrix}$ $y = \dfrac{as(b-1)}{ab-1}$. [VIII; 10, 11]). Diese Formulierung erinnert an die Lösungsformeln solcher Probleme in byzantinischen und abendländischen Rechenbüchern (Cod. Paris. Suppl. Gr. 387 und Leonardo von Pisa).

Quadratische Gleichungen

Die quadratischen Probleme in [IX; 1–14, 21] haben alle die pythagoreische Beziehung im rechtwinkligen Dreieck zum Ausgangspunkt. Die dabei entstehende Gleichung ist bei einigen [IX; 1–5, 11] rein quadratisch, eine weitere [IX; 12] führt nach einer Umwandlung und einer quadratischen Ergänzung auf eine solche (s. S. 96); bei den Aufgaben [IX; 7–10] ist die Gleichung immer $x^2 = (x-a)^2 + b^2$. Es ist wohl kein Zweifel, daß eine Umwandlung in $2ax = a^2 + b^2$ dem Rechner damals möglich war (s. S. 121). Dies gibt $x = (a^2 + b^2) : 2a$ oder auch $x = (b^2/a + a) : 2$ (bzw. $2x = b^2/a + a$). So schreibt es das Lösungsrezept auch bei diesen Aufgaben immer vor.

Bei [IX; 6], in der zuerst nach einer Kathete gefragt wird, ist die Ausgangsbeziehung $(x + a)^2 = x^2 + b^2$; hieraus $x = (b^2 - a^2) : 2a$ wie in dem angegebenen Rezept. Ähnlich ist es bei [IX; 13]. Aus $(a-x)^2 = x^2 - b^2$ wird $(a-x) = (a - b^2/a) : 2$. Man kann natürlich die Aufgaben auch mit 2 Unbekannten ansetzen. Aus $x^2 = (a-x)^2 + b^2$ z.B. wird jetzt das Gleichungssystem (1) $x + y = a$; (2) $x^2 - y^2 = b^2$, dessen Lösung man sich auf verschiedene Art vorstellen kann.

Entweder geht man – wie es die babylonische Mathematik zeigt [3; 15] – davon aus, sich zu $x + y$ auch ein $x - y$ zu beschaffen (und umgekehrt). Dies ist leicht für jeden, der – wie die Babylonier [24; 129] – die Beziehung $x^2 - y^2 = (x + y) \cdot (x - y)$ kennt. So erhält man sofort $x - y = b^2/a$ und somit $x = (b^2/a + a) : 2$ und $y = (a - b^2/a) : 2$.

Oder man ersetzt, wie es Diophant macht (vgl. hier [IX; 11]), die beiden Unbekannten durch eine neue, also $x = z + a/2$ und und $y = z - a/2$.

Schließlich ist auch eine geometrische Herleitung möglich [2(1); 576]¹). Zeichnet man s. Fig. 38) die beiden Quadrate ABCE = x^2 und FGCD = y^2, dann ist $x^2 - y^2 = b^2 =$ der L-förmigen Fläche ABGFDE = $a \cdot (2x - a)$; also $x = (b^2/a + a) : 2$.
Hat man aber (s. Fig. 39) $x + y = a$ und $y^2 - x^2 = b^2$ (vgl. [IX; 13]), dann ist – wegen $x + y = a$ – die Differenz ED = $y - x = a - 2x$ und es ergibt sich $y^2 - x^2 = b^2 =$ ABGFDE = $= (a - 2x) \cdot (2x + a - 2x)$ oder $x = (a - b^2/a) : 2$.
Die Frage also, wie in den „Neun Büchern" die Formeln zur Lösung der quadratischen Probleme entstanden sind, ist an Hand des Textes nicht zu lösen; auf jeden Fall aber offenbart sich hier der hohe Stand mathematischen Wissens zur Han-Zeit.

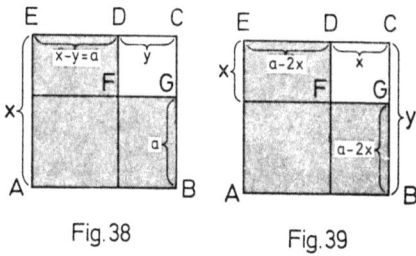

Fig. 38   Fig. 39

Bei den Methoden zur Lösung *quadratischer Gleichungen* ist auch die *numerische* in [IX; 20] zu nennen, die aber nicht vorgerechnet wird. Aus dem geometrischen Befund ergab sich die Beziehung
$$x^2 + 34x = 71000.$$
Dabei wird 7 1000 als Radikand (= Dividend) genannt sowie 34 als „Ergänzter Divisor". Dann heißt es nur noch: k'ai fang ch'u chih = Ziehe die Quadratwurzel. Offenbar konnte man bereits die allgemeine quadratische Gleichung durch das Horner-Verfahren lösen.
Auf dem Rechenbrett hätte die Ausrechnung folgendermaßen ausgesehen:

	2	2	2	25	25	250
71...	71...	242..	242..	242..	.....	.....
34..	234..	434..	434.	484.	534.	534
1....	1....	1....	1..	1..	1..	1

---

¹) Yang Hui führt sogar (im Anschluß an die Bemerkung über die Rolle des Rechtecks in der Schule) die Multiplikation auf das Rechteck zurück. Bei der Multiplikation 48 Pfund · 36 zeichnet er ein Rechteck mit den Seiten 48 Pfund und 36 Stück (s. S. 122).

Unbestimmte Gleichungen

Eine neuartige aber durchaus sinnvolle Methode zur Lösung unbestimmter Probleme steht in [II; 38–46]. In den vorhergehenden Aufgaben war ein Einzelpreis aus dem Gesamtpreis und der Stückzahl bestimmt worden. Jetzt sollen N Gegenstände um den Gesamtpreis A gekauft werden, und zwar zu zwei verschiedenen Einzelpreisen, für die (was aber im Text nicht steht, sondern nur aus der Rechnung ersichtlich ist) ein Preisunterschied von 1 Geldstück festgesetzt ist. Dabei werden 2 Gruppen unterschieden:

1. Fall: Es ist $A > N$. (Aufgaben 38–43).

Sind es x teuere Stücke zum Einzelpreis $u + 1$ und $N - x$ billige Stücke zu je u Geldstücken, dann besteht die Beziehung

$$x \cdot (u + 1) + (N - x) \cdot u = A.$$

Der Text verlangt die Division $A : N$. Aus der Gleichung folgt $x + Nu = A$, somit $A/N = u + x/N$, also eine ganze Zahl mit einem echten Bruch (da $x < N$ und ganz). Man hat also so den billigen Preis u und die Zahl der teueren Stücke x bekommen. Nun folgt noch die Bemerkung, daß vom Divisor der Dividend zu subtrahieren ist, dann „‹gehöre› der Divisor zum billigen, der Dividend zum teueren". Daß der Dividend x des Restbruches zum teueren gehört, ist klar. Aber mit dem Divisor, der zum billigen gehören soll, ist nicht N gemeint; es muß erst die verlangte Subtraktion gemacht sein. Auf dem Rechenbrett sieht es dann so aus:

		und nach der	
Zeile der Ganzen	u		u
Zeile des Dividenden (Shih)	x	Subtraktion	x
Zeile des Divisors (Fa)	N		$N - x$.

Jetzt ist alles in Ordnung; in der Zeile des Divisors steht die Zahl der billigen und im Dividenden die Zahl der teueren Stücke.

2. Fall: $N > A$ (Aufgaben 44–46)

Beim anderen, „umgekehrten" Fall gibt die bisherige Rechnung nur einen echten Bruch, sie ist also hier nicht brauchbar. Deshalb wird – wieder stillschweigend – eine andere Annahme gemacht. Und zwar soll man jetzt $u + 1$ billige und u teuere Stücke für 1 Geldstück bekommen. Die Gleichung ist demnach:

$$\frac{x}{u} + \frac{N - x}{u + 1} = A.$$

Dann erhält man $\dfrac{N}{A} = u + \dfrac{A - x/u}{A}$.

Auch hier soll der Dividend vom Divisor subtrahiert werden. Wird die Rechnung wieder auf dem Rechenbrett ausgelegt, dann erhält man folgendes Bild:

$$\text{Zuerst:} \begin{array}{c} u \\ A - x/u \\ A \end{array} \quad \text{und dann:} \begin{array}{c} u \\ A - x/u \\ x/u \end{array}$$

In der Divisorzeile steht also x/u; das ist der Geldbetrag, der genommen wird für die Stücke x, von denen nur u Stücke („wenig" Stücke) auf 1 Geldstück gehen. In der Dividendenzeile steht der Betrag für die N — x Stücke, von denen u + 1 („viele") auf 1 Geldstück gehen, zum Schluß folgt noch die Probe x/u · u + (A — x/u) · (u + 1) = N.

Außer diesen Problemen enthält die Aufgabe [VIII; 13] eine andere Art der unbestimmten Analytik; hier ist ein Gleichungssystem aus 5 Gleichungen mit 6 Unbekannten zu lösen (s. S. 88).

Geometrische Methoden

Nach welchen Methoden die Inhaltsformeln für ebene Flächenstücke gewonnen wurden, läßt sich aus dem Text nicht ersehen. Nur in der Anordnung erkennt man ein Fortschreiten von der einfachsten Figur des Rechtecks zu den schwieriger zu bestimmenden. Die ungenaue Formel für das Segment (s + p) · p/2 könnte zeigen, daß man dieses durch ein Trapez angenähert hat [2 (1); 523]. Aus [IX; 16] sieht man, daß der Radius des einbeschriebenen Kreises gefunden werden konnte, vielleicht durch Zerlegung des Dreiecks in die 3 Dreiecke mit den Seiten als Grundlinien und dem Kreismittelpunkt als Spitze. Die vorhergehende Aufgabe, in der dem Dreieck ein Quadrat einbeschrieben wird, erfordert die Kenntnis der Ähnlichkeitsproportion oder des Gnomon. Dasselbe gilt für die Vermessungsaufgaben im zweiten Teil von Buch IX. Nach dem, was Yang Hui darüber sagt, muß man annehmen, daß in den „Neun Büchern" die Flächenvergleichung von Rechtecken der Lösung zugrunde lag. In der genannten Stelle (s. S. 122) sprach Yang Hui von der Bedeutung des Rechtecks für die Lösung vieler unbekannter Probleme mittels dieser Figur. Und später [10; 394] bei den Beispielen weist er direkt auf die eine Aufgabe [IX; 23] hin, in der die Berghöhe bestimmt werden soll. Dabei [10; 397] wird auch eine Zeichnung dazugegeben, die für die Aufgabe in den „Neun Büchern" (s. S. 102) folgendermaßen (Fig. 40) aussehen würde:

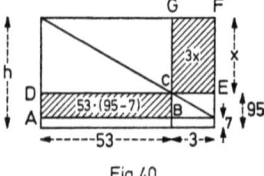

Fig. 40

Die beiden schraffierten Rechtecke ABCD und CEFG sind inhaltsgleich; also $53 \cdot (95 - 7) = 3 \cdot x$. Somit ist die Berghöhe $h = 53 \cdot 88 : 3 + 7$, wie es das Lösungsrezept angibt.

Für die Inhaltsbestimmungen räumlicher Gebilde gilt das gleiche wie bei den ebenen Figuren sowohl bezüglich der methodischen Anordnung als auch der Unmöglichkeit, Näheres über die Herleitung der Formeln aussagen zu können. Bemerkenswert ist, daß der Pyramidenstumpf vor der Pyramide erscheint. Das Volumen eines Pyramidenstumpfes war wohl eher zu gewinnen als die Pyramide[1]), vielleicht in einer Mittelwertsbildung $= \dfrac{a^2 + ab + b^2}{3} \cdot h$. Läßt man die Deckfläche zu Null werden, dann wird $V_{Pyramide} = \dfrac{a^2 \cdot h}{3}$.

Eine besondere Rolle für die Herleitung des Obeliskenvolumens könnte der Keil ch'u mêng (s. S. 49) gespielt haben. Dieser dachförmige Körper hat die rechteckige Grundfläche $a_1 \cdot b$, eine senkrechte Wand von der Höhe h führt zur Dachkante $a_2 // a_1$. Der Inhalt, der aus dem vorhergehenden Körper, einem Keil mit Trapezbasis, abgeleitet werden konnte, ist $1/6 \cdot (2a_1 + a_2) \cdot b \cdot h$. Eng damit verwandt erscheint die Formel für den Obelisken: $h/6 \cdot [(2b_1 + b_2) \cdot a_1 + (2b_2 + b_1) \cdot a_2]$. Sie ist also ganz anders entstanden als die bei Heron [6; III, 112ff.] oder den Babyloniern [15; I 165].

Es wurde der geistreiche Vorschlag gemacht [17], aus dem Körper (Fig. 41) zwei Keile (sie stecken offenbar in der Formel!) dadurch zu machen, daß man durch eine Ebene $B_1C_1D_2A_2$ den Körper teilt, nämlich in den Keil $A_1B_1C_1D_1A_2D_2$ und in den anderen $A_2B_2C_2D_2B_1C_1$, deren Summe dann sofort die Obeliskenformel ergibt.

---

[1]) Auch die ägyptischen und babylonischen Texte bringen nur den Pyramidenstumpf.

Freilich setzt man dann voraus, daß die Formel auch richtig ist, wenn die Wand zur Dachkante nicht senkrecht steht und auch gilt, wenn die Dachkante (b_1) länger ist als die zu ihr parallelen Seiten

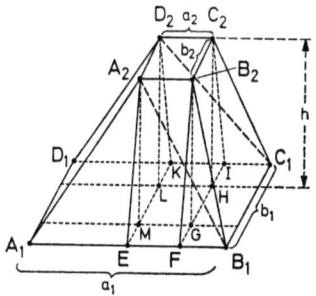

Fig. 41

(b_2) des Grunddreiecks. Die erste Schwierigkeit ist bei dem Keil mit der Grundfläche $A_1B_1C_1D_1$ leicht zu beseitigen, da er aus zwei Keilen mit der senkrechten Wand EKD_2A_2 besteht. Für den zweiten Keil mit der Grundfläche $A_2B_2C_2D_2$ ist es nicht so leicht einzusehen, da hier die senkrechte Hilfswand (in B_1C_1 errichtet) die Grundfläche $A_2B_2C_2D_2$ nicht trifft und deshalb die Differenz zweier Keile gebildet werden muß.

Eine einfache Zerlegung bekommt man durch Herausnahme des Mittelstückes $EFIKA_2B_2C_2D_2$ (= Quader + 2 Halbquader); schiebt man die beiden Halbquader zusammen, so hat man einen Dachkeil mit dem Grundrechteck $a_2 \cdot (b_1 - b_2)$ und der Kante a_2. Legt man noch die rechts und links übriggebliebenen Keile zusammen, so entsteht wieder ein Dachkeil mit dem Grundrechteck $b_1 \cdot (a_1 - a_2)$ und der Dachkante b_2. Der Körper hätte auch als Differenz zweier Keile berechnet werden können.

Nach dieser Obeliskenformel wird merkwürdigerweise auch der ausgehöhlte Kegelstumpf in [V; 20] berechnet (s. S. 50).

Die Volumenberechnung einer Kugel kommt nicht vor. Nur anläßlich der Kubikwurzel (in Buch IV) werden 2 Beispiele gebracht, bei denen aus dem gegebenen Kugelvolumen der Durchmesser bestimmt werden soll. Dabei tritt $\pi = 3^3/_8$ in die Rechnung ein. Man könnte sich denken, daß man bei dem Versuch, eine Formel für den Kugelinhalt zu finden, eine Kugel aus knetbarem Stoff in einen Quader mit quadratischer Grundfläche $\left(\dfrac{3r}{2}\right)^2$ und der

Höhe h = 2r umformte. Der Inhalt ist dann
$$\frac{9r^2}{4} \cdot 2r = \frac{4}{3} r^3 \cdot \frac{27}{8}, \text{ also } \pi = 3^3/_8.$$
Auf die Verwendung von Lehm zur Bestimmung des Volumens unregelmäßiger Körper weist Heron hin [6; III 139]. In einer Aufgabe des byzantinischen Rechenbuches im Cod. Paris. Suppl. Gr. 387 fol. 136' wird ein knetbarer (μαλθακός) kugelförmiger Körper zu einem Mühlstein, also einem Zylinder zusammengepreßt[1]).

---

[1]) Einen anderen Vorschlag macht hierzu Juschkewitsch in [9; 61].

Anhang

Die Maße

1. Längenmaße

Im Text der „Neun Bücher" kommen folgende Längenmaße vor:

Rolle (p'i)	Klafter (chang)	Fuß (ch'ih)	Zoll (ts'un)
1	4	40	400
	1	10	100
		1	10

Die Länge des Fußes, die im Laufe der Zeit sich bis über 30 cm vergrößerte [14 (1); 82] betrug zur Hanzeit ca. 23 cm.
Daneben existiert ein *Wegmaß*, das auch bei der Ackervermessung verwendet wurde. Es war dies:

1 Meile (li) = 300 Schritt (pu)

Das Verhältnis zwischen Fuß und Schritt 1 : 6 ist aus dem Text nicht zu ersehen; in der Hanzeit war 1 Schritt $\approx$ $1^1/_3$ m.
Die „Rolle" ist als Maß für Stoffe verwendet.

2. Flächenmaße

Die Flächenmaße sind auf dem Schritt (pu) aufgebaut. Es gilt:

Quadrat-meile (li)	ch'ing	mou	Quadrat-schritt (pu)
1	[$3^3/_4$]	375	90 000
	1	100	24 000
		1	240

Li und Pu sind also sowohl Flächen- wie Längenmaß.
Der Name eines Quadratfußes kommt nicht vor. Natürlich tritt er ungenannt in die Rechnung ein, wenn z. B. bei einer Inhaltsberechnung die rechteckige Grundfläche durch die in Fuß gemessene Länge und Breite bestimmt wird.

3. Raummaße

Die Namen für die Raummaße sind dieselben wie die der Längenmaße; insbesondere ist also:

1 Fuß = 1000 Zoll

In manchen Beispielen [V; 6, 7, 25] erscheint 1 Zoll^3 = $^1/_{10}$ Fuß^3, wobei „Zoll" dann nichts anderes bedeutet als $^1/_{10}$. Vielleicht liegt hier ein Schichtmaß vor (s. S. 46).

4. Hohlmaße

Ein wichtiges Volumenmaß für Körner und Flüssigkeiten (Getreide, Salz, Öl, Firnis, Wein) ist das Hu mit folgenden Unterteilungen:

hu	tou	shêng
1	10	100
	1	10

Dabei hat 1 Hu einen Inhalt von 1,62 Kubikfuß, wie es auf einem Standardgefäß aus Bronze von Liu Hsin (— 50 bis + 20) aufgezeichnet ist [17 a]. Dies stimmt genau mit den Angaben in [V; 25] überein (s. S. 53). So ist 1 Hu ca. 19,7 Liter.

5. Gewichtsmaße

Die Gewichtsmaße sind die einzigen, die – gegenüber allen anderen – noch keine Hinwendung zu einer dezimalen Einteilung zeigen, die erst Ende des 10. Jahrhunderts (wenigstens von der Unze abwärts) konsequent durchgeführt ist. [14 (1); 85]. Es sind folgende Einheiten:

Stein (tan)	chün	Pfund (chin)	Unzen (liang)	chu
1	4	120	1920	4 6080
	1	30	480	1 1520
		1	16	384
			1	24

Dabei ist 1 Pfund ca. 0,6 kg.

In den Aufgaben [V; 23–25, 27, 28] ist noch eine andere Gewichtseinheit verwendet, die sonderbarer Weise auch „Hu" heißt. Dieses Gewichts-Hu ist das Gewicht von 1 Hu = 1,62 Kubikfuß Reis. In den Aufgaben 23–25 wurde zuerst ein Volumen (in Kubikfuß) ausgerechnet und gefragt: Wieviel Reis (bzw. Hirse, Bohnen) ist es? Demnach kann es sich nur um deren Gewicht handeln. Die Regel spricht aus, daß man bei Reis mit 1,62, bei Hirse mit 2,7 und bei Bohnen, Erbsen usw. mit 2,43 dividieren soll ‹damit man gleiches Gewicht bekommt›. Die Volumina gleichen Gewichts von Reis, Hirse und Bohnen verhalten sich also wie 1,62 : 2,7 : 2,43 oder wie 30 : 50 : 45. Diese Zahlen waren aber die Meßzahlen beim Tausch dieser Feldfrüchte, deren Menge in Hohlmaßen (Hu, Tou, Shêng) gemessen sind. Dies zeigen die Aufgaben in [II] und [VI; 6]. Es sind also nicht nur 30 Volumeneinheiten Reis den 50 Einheiten Hirse gleichwertig, sondern sie wiegen auch gleichviel. Daraus ergibt sich, daß man einen Gegenwert nicht ausrechnen müßte, sondern daß es genügt, wenn der eine den Reis, den er austauschen will, auf die eine Waagschale legt, und der andere auf die Gegenseite soviel Hirse auflegt, bis die Waage gleiches Gewicht anzeigt.

Bei Yang Hui wird das Gewicht von 1 5552 Kubikfuß Hirse als 1 5552 : 2,7 = 5760 „Stein" angegeben [10; 339].

Die sich für die spezifischen Gewichte ergebenden Folgerungen ($s_{Hirse} = {}^3/_5 \cdot s_{Reis}$) können ohne eine genaue Kenntnis der Getreidesorten nicht geklärt werden.

6. Geldmaße

Als Geld wird nur das Geldstück ch'ien genannt. Sonst erfolgt eine Bezahlung durch Tauschware. Einmal [VIII; 7] wird mit Goldunzen bezahlt und eine Entschädigung für Flurschaden [III; 2] durch Getreide abgegolten.

7. Zeitmaße

Als Zeitmaße kommen im Text vor: der Tag, der Monat zu 30 Tagen und das Jahr zu 354 Tagen [III; 19]. Es ist also ein Mondjahr.

8. Maß für Federn

Ein sonst nicht bekanntes Maß für Federn, nämlich das Hou, steht in [II; 45].

Chinesische Wörter

(insbesondere der mathematischen Fachsprache[1])

Chan	öffnen, ausbreiten, reduzieren	108
Chang	Kapitel, Buch	Ü.
Chang	Klafter = 10 Fuß	139
Ch'ang	lang, Länge	96
Ch'ê	zerstören, abknicken, abbrechen, zurücknehmen	40, 96
Chêng	aufrecht, wirklich, positiv, positiv machen	83, 106, 131
Ch'êng	Weg, Muster, Regelung	53, 81
Fang ch'êng: rechteckiges M.;		Ü. VIII, 81, 130
Ch'êng	Wall, Stadtmauer	123
Ch'êng	fahren, multiplizieren	12, 109, 110, 118 u. p.
Chi	Korb	14
Chi t'ien: gleichschenkliges Trapez		14, 122
Chi	Anhäufung, Flächen- oder Rauminhalt	40, 42, 106
Ch'i	dieser	25, 72
Ch'i i shu: diese 1 Regel = eine andere Regel		72
Ch'i	die Zahl 7	T.
Chia	addieren, vergrößern	41
Chia	falsch, behaupten, „Versuchszahl"	74, 128
Chieh	borgen, nehmen	40, 115
Chieh i suan: nimm 1 Rechenstab		40, 119
Chieh suan: der Rechenstab		40, 115
Chien	vermindern, subtrahieren	9, 110
Ch'ien	viele, die Zahl 1000	T.
Ch'ien	zuvor, der erste	106
Ch'ien	ein Geldstück	11, 141
Ch'ien	Graben, Kanal, Festungsgraben	48, 123
Ch'ien tu: ein halber Quader		48, 123
Chih	hingehen, Pronomen, z.B.: san chih = verdreifache es, Anknüpfungspartikel	14, 60, 108, 112, 128, 133
Chih	hinlegen, auflegen z.B. auf dem Rechenbrett	109
Chih	direkt, gerade vorwärts	81
Ch'ih	Zisterne, Teich	50
Ch'ü ch'ih Obelisk		50, 51, 123
P'an ch'ih Obelisk Zoll		123
Ch'ih	der Fuß = 10	42, 139
	der Kubikfuß	42

---

[1] Ist eine Silbe wiederholt aufgeführt, dann gehört sie zu einem anderen Schriftzeichen — T. = Tafel; Ü. = Überschrift (z. B. Ü. IV = Überschrift Buch IV.)

Chin	das Pfundgewicht = 16 Unzen	140
Chin	alles, vollständig, ausschöpfen	79 ff., 93, 112
Ching	Durchmesser, Ringbreite	16, 43, 122
Pan ching: Radius		122
Ching	klassische Bücher, Plan, anordnen, dividieren	11, 23, 111, 113
Ch'ing	Flächenmaß = 100 Mou	7, 139 u. p.
Chiu	die Zahl 9	Ü., T.
Chou	rund, Kreisumfang, Bogen	122
Chu	Gewichtsmaß = $1/24$ Unze	140
Ch'u	Beginn, der erste	106
Ch'u	wegnehmen, subtrahieren, dividieren, Division, kürzen, Stufen	40 f., 49 f., 79, 108, 110, 112, 133 u. p.
Hsien ch'u = Keil mit Trapezbasis		49, 123
P'êng ch'u = Gebäudestufe(?)		52
Ch'u	Gras schneiden, Gras	49
Ch'u mêng = Dach, Keil mit Rechtecksbasis		49, 123, 136
Ch'u t'ung = Obelisk		50, 123
Ch'u	herausgehen, herauskommen	95, 78
Chui	spitziges Werkzeug, Ahle	48
Fang chui = Pyramide		48, 123
Yüan chui = Kegel		48, 123
Ch'ui	Ordnung, Zahlenfolge, Reihenstufe, Verhältniszahl	27, 55, 60, 64, 120
Fan ch'ui = reziproke Verhältniszahl		31, 106, 120
Ch'ui fên = proportionale Verteilung		Ü. III, 27, 120
Chung	Mitte, das mittlere, m. Zeile	81, 118
Chü	zusammen, alles	80
Ch'ü	weggehen, subtrahieren	46
Ch'ü	Rinne, Kanal	123
Ch'ü	krumm, falsch, klein	50
Ch'ü ch'ih = Obelisk		50 f., 123
Ch'üan	das Ganze	107
Chüeh	Rang, Grad der Würdigkeit	120
Chün	Getreidespeicher, Behälter	54
Yüan chün = zylindrischer Behälter		54
Chün	gleich, gerecht, anpassen	30, 55, 60, 120
Chün shu = gerechter Tribut		Ü. VI, 55
Chün	Gewichtsmaß = 30 Pfund	23, 140
Êrh	die Zahl 2	70, T.
Êrh	und, z.B. im Divisionsterminus: shih ju fa êrh i	9, 13 f., 70 u. p.

Fa	Gesetz, Plan, Divisor	9, 13, 40, 111, 119 u. p.
	Ting fa = der exakte Divisor	40, 115
	T'sung ting fa = der ergänzte ex. D.	40f. 115
Fan	umkehren, reziprok	31, 60, 106
	„mal"	110
	Fan ch'ui = reziproke Verhältniszahl	31, 60, 120
Fang	Himmelsgegend, Quadrat(seite), Rechteck(seite)	7, 81, 113
	Li fang = Würfel(kante)	42, 117
	K'ai fang = ziehe die Quadratwurzel	40, 113
	K'ai fang ch'u chih = ziehe die Quadratwurzel	133
	K'ai li fang = ziehe die Kubikwurzel	42, 43, 117
	Fang pao tao = Quader	47, 123
	Fang t'ien = rechteckiges Feld, Feldermessung	Ü. I, 7, 122
	Fang t'ing = Pyramidenstumpf	47, 123
	Fang chui = Pyramide	48, 123
	Fang ch'êng = rechteckiges Muster	Ü. VIII, 81f., 130
Fên	(ver)teilen, Bruch	8f., 27, 36, 80, 107f. u. p.
	Dezimalbruch $^1/_{10}$	80, 91, 108
	Yo fên = kürzen	8, 108
	Ho fên = addieren	8, 109
	Chien fên = subtrahieren	9
	K'o fên = vergleichen von Brüchen	10
	P'ing fên = gleichmachen	10
	Ching fên = dividieren	11, 113
	Ch'êng fên = multiplizieren	12
	Ch'ui fên = proportionale Verteilung	Ü. III, 27, 120
Fu	auf dem Rücken tragen, wegtragen, Negativ, negativ machen	83, 106, 131
Hang	Linie, Zeile	109
Hêng	Ost-Westrichtung, Breite	96, 122
Ho	einschließen, addieren, das Ganze	8, 41, 109
Hou	dick, Dicke	124
Hu	zusammen, jeder andere, der Reihe nach, hintereinander	109
Hu	Bogen, Mond	15
	Hu t'ien = Halbkreis, Segment	15, 122
Hu	Getreidemaß = 10 Tou	23, 108, 140 u. p.
	Gewicht	53, 141
Huan	ringförmig, Ring	16
	Huan t'ien = Kreisring	16, 122
Hsia	abfallen, unten, klein, die untere (Zeile)	36, 64, 81, 118

Hsiang	miteinander, gegenseitig	110
Hsieh	schlecht, schräg, abgebogen, Diagonale	13, 96, 122
Hsieh t'ien	= Trapez	13, 122
Hsien	gespannte Saite, Sehne, Hypotenuse	91, 122
Hsien	verlangen, bewundern, Überschuß	49
Hsien ch'u	= Keil mit Trapezbasis	49, 123
I	die Einheit, die Zahl 1	T., 9, 13f., 40, 70, u. p.
Shih ju fa êrh (tê) i	= Divisionsterminus	9, 23, 27, 111 u.p.
I	= der andere	106
I	die Zahl 100 000 000	T.
I	nehmen, mit	112
Ju	weitergehen, so viel wie, folgen, im Divisionsterminus = hinzukommen	9, 41 u. p.
K'ai	öffnen	40, 113
K'ai fang	= ziehe die 2. Wurzel	40, 113, 133
K'ai li fang	= ziehe die 3. Wurzel	42f., 117
K'ai yüan	= Quadratwurzel beim Kreis	41
K'ai li yüan	= Kubikwurzel bei der Kugel	43
Kao	hoch, Höhe bei Körpern	44, 54, 124
Ko	jeder	66
K'o	die Pflanze Pueraria hirsuta	92
K'o	examinieren, raten, diskutieren	10, 76, 113
Kou	Wassergraben, Kanal	123
Kou	die waagrechte kurze Kathete in der Ost-Westrichtung	91, 122
Kou ku	= das rechtwinklige Dreieck	Ü. IX, 91, 122
Ku	Hüfte, Schenkel, die senkrechte Kathete in der Nord-Süd-Richtung	91, 122
Ku	Tal, Hohlweg	50
Ming ku	= Obelisk	50, 52, 123
Kuang	breit, Breite	Ü. IV, 35f., 44, 96, 122
Kuei	Autoritätssymbol	12
Kuei t'ien	= an Beamte verliehenes Ackerland, Dreiecksfeld	12, 122
Kung	Erfolg, Arbeitsleistung	44
Shang Kung	= Beurteilung der Arbeitsleistung	Ü. V, 44
Kuo	überholen, dazukommen, überschreiten	82
Kuo	binden, verbinden, Diagonale	96
Lei	rechnen, Rechnung, s. auch bei lü.	18, 107
Li	Längenmaß die Meile = 300 Schritt	7, 139
	Flächenmaß = 375 Mou	7, 139
Li t'ien	= Feldmessung in Meilen	7

Li	Gewinn	80
Li	grobkörnig	
	Li mi = geschälter Reis, Hirse	60
Li	aufrecht stehen	42
	Li fang = Würfel und Würfelkante	42, 117
	Li yüan = Kugel	43, 124
Liang	Gewichtsmaß die Unze = $^1/_{16}$ Pfund	11, 140
Lieh	ordnen, Reihe	11
	Lieh shih = Reihendividend	11
Ling	anordnen, befehlen, es soll ...	54, 128
Lu	die Zahl 6	T.
Lu	der Hirsch	27
Lü	Norm, Taxe, Meßzahl	18, 107
	Geschwindigkeit (Norm des Weges)	97, 107
	Maßzahl, Koeffizient	97, 107
	Einzelpreis	23, 25, 107
	Kleinste Maßeinheit	107
	Versuchszahl	107, 128
	Anzahl, Menge	56, 107
	Betrag (der ausgegeben wurde)	78
Ma	Pferd	48
	Yang ma = Pyramide mit Rechteckbasis	48, 123
Man	voll, vollständig	25, 82, 113
Mêng	Dachsparren	49
	Ch'u mêng = Keil mit Rechteckbasis, Dach	49, 123, 136
Mi	Reis und andere Körnerfrüchte	17 u. p.
Ming	Name, Benennung (ob positiv oder negativ)	106
Ming	dunkel, tief	50
	Ming ku = Obelisk	50, 52, 123
Mou	Länge, in der N.-S.-Richtung gemessen	44, 124
Mou	Flächenmaß = 240 Pu	7, 112, 139
	Mou fa êrh i = dividiere durch 240	13, 112 u. p.
Mu	Mutter, Nenner	36, 41 u. p.
	Fên mu = Bruchnenner	36, 107
	Tsui hsia fên mu = sehr kleiner Bruchnenner (Hauptnenner)	36
Nao	Schulterblatt	48
	Pieh nao = Pyramide mit Dreiecksbasis	48, 123
Pa	die Zahl 8	T.
Pan	halbieren, die Hälfte	108
	Pan ching = Radius	122
P'an	Platte	91

P'an ch'ih = Obelisk		50, 51, 123
Pai	die Zahl 100	T.
Pao	Erdwerk, Wall	47
Fang pao tao = Quader mit quadrat. Basis		47, 123
Yüan pao tao = Zylinderkörper		47, 123
Pao	anzeigen, erklären	41
Pao ch'u = die Division ausführen		41
Pei	Reihe von Wagen, Klasse, einordnen nach oben und unten (abrunden)	55
Pei	verdoppeln, das Doppelte	111
Pên	Wurzel, Anfang	80
P'êng	Schuppen, Hütte	52
P'êng ch'u = Gebäudestufen?		52
P'i	die Rolle, ein Längenmaß = 4 Klafter	139
P'i	Zahlenergänzung, Stück	87
Pieh	die Schildkröte	48
Pieh nao = Pyramide mit Dreiecksbasis		48, 123
Ping	und, vereinigt, addieren	109
P'ing	gleich, gemeinsam	10
P'ing shih = Gleichmachungsdividend		10
Pu	der Schritt = $1/300$ Meile	7, 139 u. p.
	ein Flächenmaß = $1/240$ Mou	7, 139 u. p.
Pu	nicht, Negation	70f., 79, 82, 95
Pu tsu = es reicht nicht		Ü. VII, 71, 128
San	die Zahl 3, als Zeitwort verdreifachen	14, T.
So	das, was; Ursache	40, 118
So tê = das, was man erhält		40, 115
das So-tê = Fachwort beim Radizieren		40, 115
Su	Hirse, indisch Korn	17
Su mi = (Hirse-Reis)-Regelung des Tausches von Feldfrüchten		Ü. II, 17f., u. p.
Suan	rechnen, Rechnung	Ü., 40, 58, 115
	Steuereinheit	29, 58
	Rechenstab (s. bei Chieh)	40, 115
Szu	das Zahlwort 4	14, T.
Shang	oben, wertvoll, der erste, kaiserlich	61, 81
Shang	überlegen, Handel, Kaufmann	44
Shang kung = Beurteilung der Arbeitsleistung		Ü. V, 44
Shao	wenig, klein	36, 66
Shao kuang = kleinere und größere Breite		Ü. IV, 35f.
Shên	tief, Tiefe	44, 124
Shêng	ein Hohlmaß = $1/10$ Tou	18, 108, 140 u. p.

Shih	Pfeil	15
Shih	die Zahl 10	T.
Shih(tan)	Stein, ein Gewichtsmaß = 120 Pfund	140f.
Shih	das wirklich Vorhandene, Betrag, Ertrag, Dividend, Radikand	9ff., 40, 95, 100, 111 u. p.
	Shih ju fa êrh i und shih ju fa tê i = Divisionsterminus	9, 23, 27 u. p.
	P'ing shih = Gleichmachungsdividend	10
	Lieh shih = Reihendividend	11
Shu	zahlen, Schuld, Abgabe, transportieren	55
	Chün shu = gerechte Abgabe	Ü. VI, 55
Shu	zählen, Zahl, Betrag	106f., 118, 128
Shu	Methode, Regel, Technik, Kunstfertigkeit (wie im Mittelalter ars)	Ü., 72
Shuai	führen; s. bei Lü, Lei	107
Shui	Taxe, Zoll	70
T'ai	groß, sehr vornehm	61, T.
Tan	Stein = 120 Pfund	140
Tang	schulden, entsprechen, entspricht dem Gleichheitszeichen	121
Tao	Hügel, Erdhaufen	47
	Fang pao tao = Quader mit Quadratbasis	47, 123
	Yüan pao tao = Zylinder	47, 123
Tê	erhalten, Ergebnis	23, 27, 40, 112
	So tê = das So-tê, Fachwort bei der Wurzel	40, 115
Têng	Stufe, Rang, Stelle,	40, 57, 59, 106
	ordnen (der Verhältniszahlen)	57, 59
Ti	Reihe, Ordnung	106, 120
	als Präfix: die Ordinalzahl	64
Ti	Deich, Damm	123
T'ien	Land, Feld	7
	Li t'ien = Feldmessung in Li	7
	Fang t'ien = Rechteck	7, 122
	Kuei t'ien = Dreieck	12, 122
	Hsieh t'ien = Trapez	13, 122
	Chi t'ien = gleichschenkliges Trapez	14, 122
	Yüan t'ien = Kreis	15, 122
	Yüan t'ien = Kreissektor	15, 122
	Hu t'ien = Halbkreis, Segment	15, 122
	Huan t'ien = Kreisring	16, 122
Ting	ordnen, sicher, exakt	40
	Ting fa = der exakte Divisor	40, 115

T'ing	Baum, Hütte, Kiosk	47
	Fang t'ing = Pyramidenstumpf mit Quadratbasis	47, 123
	Yüan t'ing = Kegelstumpf	47, 123
To	viel	66
Tou	Hohlmaß = $^1/_{10}$ Hu	18, 108, 140 u. p.
Tu	abschneiden, Wall	48
	Ch'ien tu = halber Quader	48, 123
Tung	bewegen, in Aktion treten	31
T'ung	durchgehen, durchgehends, den Hauptnenner herstellen	110
T'ung	jung, überhängend	50
	Ch'u t'ung = Obelisk	50, 123
Tsu	Fuß, ausreichend	71
	Ying pu tsu = Überschuß und Fehlbetrag (nicht reicht es!)	Ü. VII, 71, 128
Tsui	sehr	36
Ts'un	Zoll = $^1/_{10}$ Fuß	46, 139
	$^1/_{10}$ Kubikfuß (Dezimalbruch)	46
Ts'ung	folgen, zulegen, ergänzen	41, 50
	Ts'ung ting fa = ergänzter exakter Divisor	115
	als „Tsung" gelesen: senkrecht, N.-S.-Richtung, Länge	96, 122
Tzu	Sohn, Zähler	107, 109
	Fên tzu = Bruchzähler	107
Wan	Ball, Kugel	43, 124
Wan	die Zahl 1 0000, alles	T.
Wei	zusammenbinden, festhalten	71
	über Kreuz (multiplizieren)	71, 129
Wei	Sitz, Stellung, Größe	42, 98, 106
Wu	die Zahl 5	T.
Yang	hell, Sonne, männlich	48
	Yang ma = Pyramide mit Rechtecksbasis	48, 123
Ying	einfüllen, voll, Überschuß	71, 128
	Ying pu tsu = Überschuß und Fehlbetrag	Ü. VII, 71, 128
Yo	abschätzen, in Ordnung bringen, vergleichen, kürzen, dividieren	8, 52, 108, 111
	Yo fên = einen Bruch kürzen	8, 108
Yung	erlauben, enthalten, einbeschreiben, Inhalt	66, 123
Yü	Überschuß, Rest	46, 74, 110
Yüan	krumm, schmal, geschmälert	15
	Yüan t'ien = Kreissektor	15, 122
Yüan	Wand, Mauer	123

Yüan   rund, kreisförmig 14
  Yüan t'ien = Kreis 14, 122
  K'ai yüan = Quadratwurzel bei der Kreisfläche 41
  Li yüan = Kugel 43, 124
  K'ai li yüan = Ziehen der Kubikwurzel bei der Kugel 43
  Yüan pao tao = Zylinder 43, 123
  Yüan chün = Zylinder 54
  Yüan chui = Kegel 48
  Yüan t'ing = Kegelstumpf 47, 123

Literaturverzeichnis

(1) Biernatzki, K. L.: Die Arithmetik der Chinesen. Crelle's Journal 52, 1856, S. 59–94 (= Übersetzung von: A. Wylie, Jottings on the Science of the Chinese; Arithmetic. North China Herald 1852).

(2) Berezkina, É. I.: (1) Die altchinesische Schrift „Mathematik in neun Büchern". Istor.-matem. issledovanija 10, 1957, S. 423–584 (Russisch).

—: (2) Arithmetische Fragen in der altchinesischen Schrift „Mathematik in neun Büchern". Istor. Nauki Techn. v Stranach Vostoka 1, 1960, S. 34–55 (Russisch).

—: (3) Über die mathematische Arbeit von Sun Tzu. Sammlung von Arbeiten aus der Geschichte von Wissenschaft und Technik in den Ländern des Ostens, Band 3, 1963, S. 5–70 (Russisch).

(3) Bruins, E. M., et M. Rutten: Textes mathématiques de Suse. Mém. de la Mission archéologique en Iran, Tome XXXIV, Paris 1961.

(4) Datta, B., and A. N. Singh: History of Hindu Mathematics. A Source Book, I: Numeral notation and arithmetic, II: Algebra. Lahore 1933, 1938.

(5) van Hee, L.: Le Classique de l'île maritime, ouvrage chinois du IIIe Siècle. Quellen und Studien zur Geschichte der Mathematik, Astronomie und Physik. Bd. 2, 1933, S. 255–280.

(6) Heron, Opera: Vol. III: Vermessungslehre und Dioptra (ed. H. Schöne).
Vol. IV: Heronis Definitiones cum variis collectionibus Heronis quae feruntur geometrica (ed. J. L. Heiberg).
Vol. V: Heronis quae feruntur stereometrica et de mensuris (ed. J. L. Heiberg). Leipzig 1903, 1912, 1914.

(7) Hofmann, J. E: Geschichte der Mathematik I^2, Leipzig 1963.

(8) Hunger, H., und K. Vogel: Ein byzantinisches Rechenbuch des 15. Jahrhunderts. Österr. Akad. d. Wiss., Philos.-histor. Kl., Denkschriften 78,2. Wien 1963.

(9) Juschkewitsch, A. P.: Geschichte der Mathematik im Mittelalter. Leipzig 1964.

(10) Lam Lay Yong: The Yang Hui Suan Fa. – A Thirteenth-century Chinese Mathematical Treatise. Inaugural-Dissertation. Singapore 1966.

(11) Levey, M., and M. Petruck: Kūshyār ibn Labbān, Principles of Hindu reckoning. Madison and Milwaukee 1965.

(12) Lukey, P.: Die Ausziehung der n.-ten Wurzel und der binomische Lehrsatz in der islamischen Mathematik. Mathem. Annalen 120, 1948, S. 217–274.

(13) Mikami, Y.: The development of mathematics in China and Japan. Abhandl. z. Geschichte der mathematischen Wissenschaften. H. 30, Leipzig 1913. Nachdruck New York 1762.

(14) Needham, J.: (1) Science and Civilisation in China. Vol. 3: Mathematics and the Sciences of the Heavens and the Earth. Cambridge 1959.

Needham and Wang Ling: (2) Horner's Method in Chinese Mathematics: its Origins in the Root-Extractions Procedures of the Han Dynasty. Toung Pao 43, 1955, S. 345–401.

(15) Neugebauer, O.: Mathematische Keilschrifttexte. Quellen u. Studien zur Geschichte der Mathematik, Astronomie u. Physik. Abt. A.: Quellen, Bd. 3. I Berlin 1935; II 1935; III 1937.

(16) Popp, W.: Ablösung antiker Rezepte zur Bestimmung von Flächen- und Rauminhalten durch wissenschaftlich begründete Formeln. Inaugural-Dissertation, München 1964.

(17) Raik, A. E.: Über die Berechnung einiger Rauminhalte in der altchinesischen Schrift Mathematik in neun Büchern. Istor.-matem. issledovanija 14, 1961, S. 467–472 (Russisch).

(17a) Reifler, E.: The philological and mathematical problems of Wang Mang's standard grain measures, the earliest Chinese approximation to π. Jubilee Volume in honour of Dr. Li Chi Vol. I, Taiwan 54 (= 1965), S. 387–502.

(18) Sanford, V.: The history and significance of certain standard problems in algebra. Teachers College, Columbia University Contributions to Education Nr. 251, New York 1927.

(19) Sarton, G.: Introduction to the History of Science. Baltimore. Vol. I 1927; Vol. II 1931; Vol. III 1947.

(20) Smith, D. E.: (1) History of Mathematics, Boston. I 1923; II 1925. – Neudruck Dover Publications, New York 1951.

—: (2) Unsettles Questions concerning the Mathematics of China. Scientific Monthly 33, 1931, S. 244–250.
(21) Struik, D. J.: (1) A concise History of Mathematics. Vol. I. New York, Dover Publications. New York 1948.
—: (2) On ancient Chinese Mathematics. Euclides 40, 1964/65, S. 65–79.
(22) Tannery, P.: Études Héroniennes. Mémoires scientifiques Vol. I. Toulouse-Paris 1912, S. 422–448.
(23) Vogel, K.: (1) Die Practica des Algorismus Ratisbonensis. München 1954.
—: (2) s. bei Hunger.
(24) van der Waerden, B.: Erwachende Wissenschaft. Basel-Stuttgart 1966².
(25) Wang Ling: (1) The „Chiu Chang Suan Shu" and the History of Chinese Mathematics during the Han Dynasty. Inaugural-Dissertation. Cambridge 1956[1]).
—: (2) s. Needham (2).

---

[1]) Konnte nicht eingesehen werden. Die Universitätsbibliothek Cambridge kann einen Mikrofilm nur mit schriftlicher Genehmigung des Autors herstellen. Diese konnte ich nicht erhalten, was ich sehr bedaure, da die Arbeit sicher nützlich gewesen wäre.

Namen- und Sachregister[1]

Ähnlichkeit der Dreiecke 97ff., 101, 123, 135
Algebra (s. auch: Gleichungen) 121, 129
Algorismus Ratisbonensis 11, 126
Analytik, unbestimmte 1, 24, 122, 135
Arbeitsleistung V, 28f., 45f., 51f., 67f.
   Zugleistung von Pferden 87
Aufgaben aus dem täglichen Leben 124f.
Aufgaben der Unterhaltungsmathematik (Rätselprobleme) 125ff.
   Der Balken an der Wand 93, 126
   Der abgeknickte Bambusstab 96, 126
   Das ans Ufer gezogene Schilfrohr 92, 126
   Brunnenaufgaben (Zisternenproblem) 68f., 126
   Hase und Hund (Achilles und die Schildkröte) 63, 126f.
   Die babylonische Brüderaufgabe 65f., 127
   Der Wächter im Apfelgarten 69f., 79f., 126
   Geben und Nehmen 86, 126
   Zuviel – zuwenig (regula augmenti + decrementi) 70–73, 126
   Einer allein kann nicht kaufen 87f., 126
Beamtenklassen (Tafu, Pukeng, Tsanyao, Shangtsao, Kungshi) 27, 29
Berezkina, È. I. 1f., 6
Bewegungsaufgaben 62ff., 66f., 74ff., 79, 126f.
   auf dem Dreiecksumfang 96f., 100f., 127
Bronze-Standardgefäß 5
Bruch, Darstellung des Bruches 107f., T.
   Die Brüche $1/2$, $1/3$, $2/3$ 6, 108, T.
   Der Bruch $1/10$ = „Zoll" 46, 51, 53, 108
Bruchrechnen
   Kürzen und Erweitern 8, 108
   Hauptnenner 9, 11, 35f., 108ff.
   Gleichmachen und Vergleichen von Br. 9f.
   Addition und Subtraktion von Br. 8f.
   Multiplikation und Division von Br. 11f., 111, 113
   Radizieren von Br. 40, 116
   Gleichmachungs- und Reihendividend 10f.

---

[1] Die arabischen Zahlen beziehen sich auf die Seiten, die römischen auf die Kapitel; T. = Tafel (S. 159). – Nicht in das Register aufgenommen wurden Stichworte aus dem Anhang (S. 139-153). Dort sind alle mathematischen Fachwörter sowie die Maßbezeichnungen zu finden.

Brunnen 87, 102f.
Changan (Ortsangabe) 66, 79
Chang Ts'ang (fl. 165–142) 5
Ch'i (Fürstentum) 66, 79
Euklidischer Algorithmus 8, 108
Falscher Ansatz (Regel der beiden Waagschalen) VII (Aufg. 9–20), 1, 128ff.
Feldermessung (s. auch: Flächenberechnungen) 5, 7, u. pass.
Flächenberechnungen I, IV, 122f.
    Dreieck 12
    Rechteck 7, 11f., 36ff.
    Trapez 13f.
    Kreis, Segment, Sektor, Ring 14ff.
Geometrie 122ff., 135ff.
    Berechnung der 2. Rechtecksseite IV, 35ff.
    einbeschriebene Figuren 97f., 123
    Pythagoreischer Lehrsatz IX, 90ff., 123, 125, 132
    geometrische Methoden 135ff.
    s. auch: Flächen- und Körperberechnungen, Ähnlichkeit, Gnomon
Geschwindigkeit, Wegkoeffizient 59, 96f., 100f., 107
    G. beim Transport (in Meilen pro Tag) 58f., 61
Getreide, Feldfrüchte, Korn II, 17ff., 31, 52ff., 73f., 80ff., 88ff., 120
Gewicht 64f., 78f., 85, 88f.
    Gewichtsverlust bei Seide 33f., 62
    spezifisches Gewicht 77f., 125
Gewinn beim Handel 79f.
Gleichheitssymbol 121, T.
Gleichungen
    lineare Systeme (Matrizenrechnung) VIII, 1, 6, 80ff., 121, 130ff.
    quadratische Gleichungen IX, 132ff.
    numerische Lösung der gemischt quadratischen Gl. IX (Aufg. 20) 122, 133
    unbestimmte Gleichungen 88, 134f.
Gnomonsatz 97f., 100, 123, 135
Grundrechnungen
    Addition und Subtraktion 109f.
    Multiplikation 110f.
    Multiplikation über Kreuz 71, 78f., 111, 129
    Division, Dividend, Divisor 8, 23, 32, 106, 111ff., T. u. p.
    Divisionsrest 112f.

Potenzieren, Umschreibung einer Potenz 41, 111
Radizieren, Radikand 40ff., 100, 113–119
Heron (ca. 75 n. Chr.) 1, 15, 123, 136, 138
Höhe (= senkrechte Länge oder Breite) 12f.
Hornerschema 40, 100, 113ff.
Hu als Hohlmaß 23, 53, u. p.
„Hu" als Gewichtsmaß 53f., 141
Jahr (Mondjahr), Jahreszeiten 34f., 45f.
Juschkewitsch A. 1, 138
Kanäle, Wassergräben, Festungsgräben 44, 68 u. p.
Kauf 22ff., 70, 72f., 124
Kêng Shu Ch'ang (fl. 79–49) 5
Körperberechnungen V, 123f., 136f.
    Quader, Halbquader 46f., 48, 54
    Würfel 41, 77
    Prisma (mit Trapezquerschnitt) 44f., 54
    Keil, Dach, Obelisk 49ff., 123, 125, 136f.
    Pyramide, Pyramidenstumpf 47f., 136
    Zylinder 47, 54, 138
    Kegel, Kegelstumpf, Viertel- und Halbkegel 47f., 53, 123, 125
Kreis
    Umfang, Bogen 14f., 41
    Durchmesser, Radius, Pfeil, Sehne 14f., 122
    Fläche (Kreis, Segment, Sektor) 14f., 41
    Kreisring, Ringbreite 15f., 51
    Kr. in ein Dreieck einbeschrieben 97f.
    Thaleskreis 91, 123
    $\pi = 3^{3}/_{8}$ (sonst immer $\pi = 3$) 122, 137f.
Kugel, Kugeldurchmesser 43, 124
Lam Lay Yong 5
Liu Hsin (ca. —50 bis +20) 140
Liu Hui (ca. +263) 1,5
Liu I („Lehrer" von Yang Hui) 122
Lohn, Fuhrlohn 34, 57, 60
Maßzahl, Meßzahl, Koeffizient 17f., 31, 59, 64, 74, 107 u. pass. T.
Mathematik
    bei den Babyloniern 5, 24, 46, 78, 116, 122f., 126, 127, 130, 132, 136
    bei den Ägyptern 46, 127, 136
    bei den Chinesen 5, 16, 106, 111, 122
    bei den Griechen 6, 15, 122f., 126, 138
    bei den Arabern 5f., 111, 113, 120, 126ff.

bei den Indern 5f., 113, 120, 125ff.
in Byzanz, bei den Armeniern 126, 132, 138
im Abendland 5f., 113, 126ff., 132
Mischungsaufgaben 76f.
Näherungswerte 15, 55, 130, 135
Needham J, 1, 119
Preise (von Ackerland, Feldfrüchten, Tieren u.a.) 31, 78, 84ff., 89f.
Rechenbrett, Rechenstab, 8f., 16, 31, 35, 40, 105f, 108f, 111, 115, 121, 129
Die Zeile auf dem Rechenbrett 42, 109, 115, 121
Regeln
  für die Bruchrechnungen I und Anfang von IV
  für das Radizieren (Hornerschema) IV, 40ff., 115ff.
  Schlußrechnung (Dreisatz) Anfang von II und V, 18, 32, 43, 120, 127
  Regula de quinque 35, 60
  für die proportionale Verteilung (Gesellschaftsrechnung) Anfang von III und VI, 27f., 55, 120, 127
  für die reziprok proportionale Verteilung 30f., 59f., 120
  für den Tausch von Feldfrüchten II, 17
  für die Umrechnung verschiedener Erdarten 43f., 120
  zur Berechnung des Einzelpreises (s. auch: unbestimmte Analytik) 22f., 25f.
  „Überschuß und Fehlbetrag" VII, 71ff.
    1) bei den Aufgaben „Zuviel – zuwenig" VII (Aufg. 1–8) 70ff.
    2) beim doppelten falschen Ansatz VII (Aufg. 9–20), 1, 6, 73ff., 128ff.
  „Plus-Minus"-Regel 82, 121, 131 u. p. T.
Reihen: arithmetische Reihen 64ff., 79, 120, 127
  geometrische Reihen 28f., 74f., 120, 127
  R. in Bewegungsaufgaben 74f., 79, 127
Seide, Seidenstoff, Baumwollstoff 23, 31ff., 61f.
Steuer, Steuereinheit, Steuerbezirk VI, 29, 54ff., 106
Sun Tzu (3. Jh. n. Chr.) 1, 106, 111
Szechwan (Provinz) 79
Tabelle (rechteckige) = Matrix VIII, 80ff., 130ff.
Tausch von Feldfrüchten II, 17ff., 59f., 62
  von Seide 33, 61f.
Transport, Transportlohn, Transportweg 51f., 54ff., 60f.
Vermessungsaufgaben 1, 101ff., 123, 135

Verteilungen nach gleichen und verschiedenen Anteilen 11, 65
   proportionale und reziprok proportionale V. s. bei:
      Regeln
Waage, Waagschale 78, 85
Wurzel
   Quadratwurzel 1, 6, 40f., 54, 91, 113ff. u. p.
   Kubikwurzel 1, 6, 41f., 117ff.
   Fachwörter (Einheitsstab, exakter und ergänzter Divisor u. a.)
      40ff., 100, 115ff.
   Radikand = Dividend 40, 100, 115
   Dezimalstelle = Stufe, Rang 40ff., 106
Yang Hui (fl. 1261–1275) 5, 16, 122, 133, 135
Zahl 105ff.
   ganze Z., Eins und Null 105ff.
   gemischte Zahl 111
   Ordinalzahl 106
   relative Z. (positiv, negativ) 1, 82, 106, 109f, 121, 129, 131
   Verhältniszahl, reziproke V. 27ff., 55ff., 65, 106, 120
   Versuchszahl VII, 107, 128 u. p.
   Pythagoreische Zahlen 97, 107, 127
   s. auch: Bruch, Maßzahl
Zahlensymbole (Individualzeichen), Zahlwörter 6, 105, T.
   Individualzeichen als Zeitwort 18, 110f.
   Myriadenschreibung 22, 105
Zehn klassische Bücher der Mathematik (a. d. J. 1084) 5f.
Zeichen der Zehnerreihe 106, T
Zeichnungen 6
Ziffer, diskutierte Z. (beim Radizieren) 107, 113, 115
Zins 35
Zolltaxe, Zollhaus, Zollschranke 28, 63, 69f.

Schrifttafel

Die Kapitelüberschriften der „Neun Bücher"

I	II	III	IV	V	VI
FANG T'IEN	SU MI	CH'UI FÊN	SHAO KUANG	SHANG KUNG	CHÜN SHU
方田	粟米	衰分	少廣	商功	均輸

VII	VIII	IX
YING PU TSU	FANG CH'ÊNG	KOU KU
盈不足	方程	句服

Die Zahlen

1	2	3	4	5	6	7	8	9	10	100	1000	10000	10000 0000
一	二	三	四	五	六	七	八	九	十	百	千	萬	億
i	êrh	san	szu	wu	lu	ch'i	pa	chiu	shih	pai	ch'ien	wan	i

Der Divisionsterminus:

實	如	法	而	一
shi	ju	fa	êrh	i
Dividend	kommt zu	Divisor	und	1

Die ersten 6 der „10 Zeichen"

甲	乙	丙	丁	戊	己
A	B	C	D	E	F

Der Bruch $^{12}/_{18}$: „12 von den 18 Teilen"

十	八	分	之	十	二
shih	pa	fên	chih	shih	êrh
10	8	Bruchteile	der[1])	10	2

Der Bruch $^{1}/_{2}$:

半		二	分	之	一
pan	oder	êrh	fên	chih	i
Ein Halbes		1 von 2 Teilen			

Termini für den Bruch:

分	子	母
fên	tzu	mu
Bruch	Zähler	Nenner

Der Bruch $^{1}/_{3}$:

少	半		三	分	之	一
shao	pan	oder	san	fên	chih	i
kleine	Hälfte			1 von 3 Teilen		

Plus–Minus:

正	負
chêng	fu
positiv	negativ

Der Bruch $^{2}/_{3}$:

太	半		三	分	之	二
t'ai	pan	oder	san	fên	chih	êrh
große	Hälfte			2 von 3 Teilen		

„Gleichheitszeichen" Meßzahl u. a.

當	率
tang	lü, lei, shuai[2])
entsprechen	

---

[1]) Der Genetiv steht vor dem attributiven Partikel Chin.
[2]) Siehe S. 107.

Der Entwicklungsweg der Mathematik — in gedrängter, jedoch umfassender Form

Abriß der Geschichte der Mathematik

Von Dirk J. Struik (Originaltitel: A Concise History of Mathematics). 4. Auflage. DIN A 5. XV, 237 Seiten. 1967. Paperback. DM 10,80.

„Was diesen historischen Überblick schon in den früheren Auflagen empfehlenswert machte, ist, daß die wesentlichen Linien einer Geistesgeschichte der Mathematik deutlich herausgearbeitet sind und in knappem kulturgeschichtlichen Rahmen geboten werden. Die neue Auflage ist textlich gegenüber der vorigen, bereits verbesserten, kaum verändert; doch sind die Literaturangaben zu den einzelnen Epochen weiterhin, um ca. 20 Nummern, vermehrt worden, was der Absicht des Buches, zum Studium der Quellen anzuregen, zugute kommt." wissenschaftlicher literaturanzeiger

„Der durch seine hervorragenden Beiträge zur Differentialgeometrie wohlbekannte Autor, jetzt Emeritus am Massachussetts Institute of Technology (MIT), hat mit dem vorliegenden, viel gelesenen Buche einen vorzüglichen Überblick über die geschichtliche Entwicklung der Mathematik seit dem Altertum bis etwa zum Jahre 1900 geschaffen, der fern von aller trockenen Aufzählung geschichtlicher Personen, Ergebnisse oder Fakten die Mathematik in die lebendige Wellenbewegung des geistesgeschichtlichen Geschehens stellt. Von Anfang an ist auf das Wechselspiel zwischen Philosophie und Mathematik, das heute noch so lebendig ist wie zur Zeit des PLATON, viel Bedeutung gelegt."
Naturwissenschaftliche Rundschau

Inhalt: Vorwort — Einleitende Literaturübersicht — Die Anfänge — Der alte Orient — Griechenland — Der Orient nach dem Niedergang der griechischen Gesellschaft — Die Anfänge in Westeuropa — Das siebzehnte Jahrhundert — Das achtzehnte Jahrhundert — Das neunzehnte Jahrhundert — Umfangreiches Literatur- und Namenverzeichnis.

WILFRIED DE BEAUCLAIR stellt vor:
Die „Familienchronik des Elektronengehirns"

Rechnen mit Maschinen

Eine Bildgeschichte der Rechentechnik
Von Dr.-Ing. Wilfried de Beauclair, unter Mitarbeit von H. Hauck, mit einem Geleitwort von Prof. Dr.-Ing. E. h. Konrad Zuse. 23 x 30 cm. XII, 313 Seiten mit 565 Abb. Ganzleinen. DM 96,—.

Es begann so harmlos mit der einfachen Rechenmaschine. Vom Subtrahieren und Addieren — zu Goethes Zeiten noch Lehrstoff der Universitäten — bis zu den lernenden Automaten, ohne deren künstliche Intelligenz manches Erreichte ein Wunschtraum technischer Phantasie geblieben wäre.

Wilfried de Beauclair, selbst ein Pionier der Rechentechnik, faßt erstmalig den Entwicklungsgang der digitalen und analogen Rechentechnik zusammen. Er zeigt anhand 565 instruktiven Abbildungen den Weg vom Rechenbrett bis zu den Datenverarbeitungsanlagen unserer Tage. Bisher kaum bekannte Systeme aus Japan, der Sowjetunion, den USA und anderen Ländern werden vorgestellt. In wissenschaftlich exakter Weise wird hier ein Überblick über Maschinen, Erfinder und Entwicklungsstellen gegeben. Das Nachschlagen historischer und technischer Sachverhalte wird durch ausführliche Register ermöglicht.

Inhalt: Die Entwicklung der mechanischen Rechenmaschine — Die Lochkarte als Programm- und Datenspeicher — Entwicklung von programmgesteuerten Rechenanlagen — Rechenautomaten in elektromechanischer Bauweise — Relaisrechner — Rechenautomaten in Röhrentechnik — Halbleiterbauweise — Schaltelemente — Interne Bauelemente und periphere Geräte — Namen- und Sachverzeichnis — Quellenverzeichnis.

Friedr. Vieweg & Sohn   33 Braunschweig

MIX
Papier aus verantwortungsvollen Quellen
Paper from responsible sources
FSC® C105338

If you have any concerns about our products,
you can contact us on
ProductSafety@springernature.com

In case Publisher is established outside the EU,
the EU authorized representative is:
**Springer Nature Customer Service Center GmbH
Europaplatz 3, 69115 Heidelberg, Germany**

Printed by Libri Plureos GmbH
in Hamburg, Germany

ANLEITUNGEN FÜR DIE CHEMISCHE
LABORATORIUMSPRAXIS
=============== BAND V ================

DER
RAMAN-EFFEKT
UND SEINE ANALYTISCHE ANWENDUNG

VON

DR. WALTER OTTING
MAX-PLANCK-INSTITUT FÜR MEDIZINISCHE FORSCHUNG
HEIDELBERG, INSTITUT FÜR CHEMIE

MIT 33 ABBILDUNGEN

SPRINGER-VERLAG
BERLIN · GÖTTINGEN · HEIDELBERG
1952

ISBN-13: 978-3-540-01608-3 e-ISBN-13: 978-3-642-94587-8
DOI: 10.1007/978-3-642-94587-8

ALLE RECHTE, INSBESONDERE DAS DER ÜBERSETZUNG
IN FREMDE SPRACHEN, VORBEHALTEN
COPYRIGHT 1952 BY SPRINGER-VERLAG OHG., BERLIN,
GÖTTINGEN AND HEIDELBERG